城市不透水面提取与不确定性分析

邓应彬　许剑辉　杨　骥　著
荆文龙　胡泓达　陈仁容

中国环境出版集团·北京

图书在版编目（CIP）数据

城市不透水面提取与不确定性分析/邓应彬等著. —北京：中国环境出版集团，2022.8
ISBN 978-7-5111-5226-8

Ⅰ. ①城… Ⅱ. ①邓… Ⅲ. ①城市—不透水层—研究 Ⅳ. ①TV223.4

中国版本图书馆 CIP 数据核字（2022）第 139055 号

出 版 人　武德凯
责任编辑　史雯雅
责任校对　薄军霞
封面设计　岳　帅

出版发行　中国环境出版集团
　　　　　（100062　北京市东城区广渠门内大街 16 号）
　　　　　网　　　址：http：//www.cesp.com.cn
　　　　　电子邮箱：bjgl@cesp.com.cn
　　　　　联系电话：010-67112765（编辑管理部）
　　　　　发行热线：010-67125803，010-67113405（传真）
印　　刷　北京中科印刷有限公司
经　　销　各地新华书店
版　　次　2022 年 8 月第 1 版
印　　次　2022 年 8 月第 1 次印刷
开　　本　787×960　1/16
印　　张　10.75
字　　数　200 千字
定　　价　50.00 元

内容简介

本书以遥感影像作为主要数据源，以遥感、地理信息科学、自然地理学和计算机科学为依托，对城市不透水面提取方法进行改进，并对城市不透水面提取模型的不确定性展开讨论。同时，本书还选择了广州市为典型研究区，对广州市主城区 1988—2015 年的不透水面变化情况进行了分析，以期为城市化与城市规划研究提供理论依据。

本书可供城市规划、生态环境等领域的学者和管理人员参考，也可以作为高等院校和科研院所有关遥感、地理信息科学以及城市规划等专业师生的参考书。

邓应彬　广东省科学院广州地理研究所
　　　　南方海洋科学与工程广东省实验室（广州）

许剑辉　广东省科学院广州地理研究所
　　　　南方海洋科学与工程广东省实验室（广州）

杨　骥　广东省科学院广州地理研究所
　　　　南方海洋科学与工程广东省实验室（广州）

荆文龙　广东省科学院广州地理研究所
　　　　南方海洋科学与工程广东省实验室（广州）

胡泓达　广东省科学院广州地理研究所
　　　　南方海洋科学与工程广东省实验室（广州）

陈仁容　广东生态工程职业学院

本书由南方海洋科学与工程广东省实验室（广州）重大专项团队项目"粤港澳大湾区海岸带生态环境大数据与分析"（GML2019ZD0301），广东省"珠江人才计划"引进创新创业团队"地理空间智能与大数据创新创业团队"项目（项目编号：2016ZT06D336），国家自然科学基金项目"基于城市功能区先验概率的MESMA 端元迭代优化研究（41901372）""海洋时空大数据的多粒度认知模型研究（41976189）"，广州市科技计划"基于精细地物覆盖类型的城市热岛效应的影响分析——以广州市为例"（202002030247）资助，由粤港澳大湾区地理科学数据中心提供相关数据。

前　言

　　土地利用和土地覆盖信息是自然资源管理和全球环境变化监测的基本要素，现已被广泛用于生物多样性、土壤退化、全球气候变化、资源管理和城市规划等研究领域。了解土地利用和土地覆盖分布及其动态变化对于理解环境特征和变化过程至关重要。此外，提取和监测世界水体、草地、农田、灌木地、森林、未利用地和城市用地的分布和动态变化可以为城市规划和管理以及全球环境变化分析提供数据基础。

　　光谱混合分析（Spectral Mixture Analysis，SMA）是将遥感影像的每个单一像元视为由多种土地覆盖类型组成，并拥有不同光谱特征的非纯净像元，已被广泛用于解决土地利用类型提取时低分辨率遥感影像中的混合像元问题。传统 SMA 模型采用的是固定端元，只适用于土地覆盖类型相对单一且端元易于识别的地区。然而，在城市和郊区，各地类间和地类内的光谱变异广泛存在，部分端元无法代表研究区域内所有的土地覆盖类别，因此，采用传统 SMA 模型处理异质性高的城市及郊区的影像时，地物的提取精度较低。另外，光谱混合分析虽为解决混合像元问题的常用方法之一，但大多数研究仅是利用光谱混合分析模型来报告其在特定应用和研究区域的性能，而忽略了对结果精确度的影响因素分析。

　　光谱混合分析模型的不确定性主要在于模型中可能包含一些不正确的端元。本书提出了基于地物覆盖类别的多端元光谱混合分析模型（C-MESMA），此模型将端元限制在相应的混合像元中以避免出现不正确的端元，可以显著提高准确性并减少计算负担，从而解决了光谱混合分析模型的不确定性问题。基于亚像元与像元尺度相结合的方式，提出了优化的线性光谱混合分析（LSMA），该方法能较好地从植被、土壤和不透水面（Impervious Surfaces，IS）混合分布的区域中计算不透水面盖度，有效地解决了不透水面在透水区域被高估和在不透水区域被低估的问题。本书还将亚像元分解中的深度信念网络模型应用到 Landsat 影像上，证明了深度信念网络在亚像元解译中的适用性，该研究结果可为学者探索深度信念网络在中空间分辨率的多光谱图像的亚像元分解中的应用提供理论参考。

本书对如何使用转换光谱混合分析方法（TSMA）来解决端元不确定性以及哪种 TSMA 能最有效地解决端元不确定性进行了全面分析，提出使用类间和类内方差指数（BWVI）来分析不同研究区域的 SMA 最佳选择方案。这为其他学者如何利用加权方案处理端元不确定性及构建适宜权重方案提供了指导。

全书共 6 章：第 1 章阐明了城市不透水面提取的研究背景和意义，以及目前研究的发展概述，主要由邓应彬博士、许剑辉博士和杨骥博士完成；第 2 章详细介绍了不透水面光谱采集的过程和处理方法，主要由许剑辉博士和胡泓达博士完成；第 3 章详细介绍了不透水面提取模型及其改进，主要由邓应彬博士和许剑辉博士完成；第 4 章探讨了利用深度学习的方法对不透水面信息进行提取，主要由邓应彬博士、陈仁容博士和荆文龙博士完成；第 5 章讲述了城市不透水面类型的精细提取，主要由邓应彬博士和杨骥博士完成；第 6 章详细分析了不透水面提取模型的不确定性，主要由邓应彬博士、陈仁容博士、胡泓达博士和荆文龙博士完成。

感谢前辈、导师、同行、同事与课题组成员的辛勤付出。美国威斯康星大学密尔沃基分校吴长山教授对本书模型的构建、章节的编写提供了悉心的指导；哈尔滨师范大学李苗博士对本书的结构安排提出宝贵的意见；硕士研究生廖文悦、孙美薇参与了本书部分制图工作，硕士研究生刘柏华和刘桃参与了本书的校稿等工作，在此一并表示衷心感谢。由于作者水平有限，加上遥感技术研究的快速发展，书中难免有不足和落后之处，恳请各位专家、学者和广大读者批评指正，以求不断改进与完善。

邓应彬

2022 年 1 月于广州

目　录

1 绪 论

由于土地利用和土地覆被信息的重要性，科学家和专业人员使用许多方法来获取土地利用和土地覆盖信息，这些方法可以归纳为两类：传统方法和遥感技术。传统方法主要基于实地调查，可以提供精确可靠的结果。然而，这种方法费时费力，因此不适用于大范围地理区域。随着遥感和地理信息技术的日益成熟，上述问题得以解决，遥感技术可以通过遥感和地理信息技术在多时空尺度上探测和监测土地利用和土地覆盖的变化[1]。遥感为环境监测和管理、目标识别、资源探测和监测等提供了理想的工具。传感器可以记录所有波长的信息，消除了人类只能看到可见光（波长为 0.39~0.7 μm）的限制。遥感因其可以获取大范围内最新土地利用和土地覆盖信息的便利性，已被自然资源部门、房地产公司、研究机构和其他环境组织广泛应用。

与传统方法相比，遥感技术的优势是显著的。首先，遥感提供了一种经济且快速的手段来获取最新的、大范围的土地利用与土地覆被变化（Land Use and Land Cover Change，LUCC）信息。其次，遥感数据以数字格式获取，便于存储、分析和可视化。再次，遥感技术可以在没有接触的情况下收集物体信息，因此可以应用于人类难以到达的地理区域来获取信息。此外，利用遥感图像可以方便地识别景观要素及其相互关系[2]。最后，传感器可以记录人类看不见的波长信息，增强地表的特征信息监测。总之，遥感图像为获取大范围地理区域的 LUCC 信息提供了一种更好的选择。

随着数字存储技术和计算机技术的发展，可以直接从遥感影像中对土地利用类型进行分类，大大提高了土地利用类型划分的效率。目前较为成熟的土地利用信息提取方法主要包括基于像元的分类方法、基于亚像元的分类方法和基于对象的分类方法 3 类。基于像元的方法是假设每个像元只包含一种土地覆盖类型，结合特定的数学/统计方法和规则，使每个像元被分配到相应的土地覆盖类型。传统的基于像元的分类方法，如最大似然分类、最小距离分类、光谱角制图等，因其方便、简单而被广泛应用于遥感领域。与基于像元的分类方法不同，基于亚像元的方法假设每个像元中存在一种以上的类，并估算它们在一个像元内的覆盖面积。与前两种方法不同，基于对象的分类是将景观视为与地面实体和地表覆盖的斑块相对应的独立对象的集合[3]，在解决高分辨率（VHR）图像的高光谱变异性问题方面具有优势。

在中、低分辨率遥感影像中，亚像元方法得到了广泛的应用。在此类方法中，一个像元不是只被分配给一个特定的土地覆盖类别，而是假设在每个像元中有几个类别共存，并估计它们的面积比例[4]。由于亚像元方法能更好地表达中、低分辨率遥感影像中的土地利用变化特征信息，所以被广泛应用于土地利用变化特征识别、植被-不透水面-土壤丰度制图、植被类型估算等领域。通常亚像元分析有 3 种技术被用于土地覆盖丰度的估算，具体为软分类、经验估计和光谱混合分析[4,5]。软分类通过计算一个类别存在于每个像元中的概率（或可能性），将一个或多个土地覆盖类别分配给每个像元。最大似然分类[6]、模糊 c-均值[7]、可能性 c-均值[8]、软神经网络[9]等已被列为估计每个土地覆盖类别的软分类技术。与软分类方法相比，经验估计通过基于训练或校准的模型来估计丰度[5]。光谱混合分析（SMA）是另一种亚像元分类方法，是被广泛使用的解决混合像元问题的模型之一[10,11]。光谱混合分析的两个基本假设包括：①混合像元由几个基本成分（通常少于 5 个端元）组成，每个成分在光谱上不同于其他成分；②每个成分的光谱特征在整个分析的空间范围内是一个常数[12]。光谱混合分析已被广泛应用于不透水面提取、植被丰度估算和土地利用制图中。

Roberts 等提出的基于 SMA 改进的多端元光谱混合分析（Multiple Element Spectral Mixture Analysis，MESMA）成功解决了端元内光谱差异的问题，并已广泛应用于诸多领域，如城市不透水面覆盖范围（Impervious Surface Area，ISA）提取、植被监测以及城市水域管理规划等[13]。在 MESMA 建模过程中，均方根残差（Root Mean Square of the Residual Error，RMSRE）常作为判断模型是否达到最适的重要指标[13]。在拥有相同数量端元的情况下，将 RMSRE 较小的模型视作精度更高的模型。而在端元个数不同、RMSRE 差异不大的情况下，通常会采用端元数较少的模型[12]。端元光谱集的选择对影像解混过程也会产生巨大影响，甚至会决定着影像解混是否成功[14]。详细来说，如果 SMA 模型中包含错误的端元，那么最后产生的地物丰度结果可能被高估（如大于零）[15]。除此之外，基于 RMSRE 值越小、模型效果越好的准则，像元内各地物间以及地物光谱差异的存在反而会让一些错误端元产生更好的拟合效果。例如，不透水面的光谱特征与干燥土壤的相似[16,17]，在只考虑 RMSRE 的情况下，不透水面在分类中易被误分类为耕地、农田等[11]，该现象产生主要是由于选择了不透水面-植被模型，而不是植被-土壤模型。总的来说，MESMA 虽解决了 SMA 不适用于城市或郊区等地物覆盖类型复杂区域的问题，但由于干燥土壤在其分类过程中产生的影响，MESMA 往往会错误地高估不透水面的丰度。

目前，已有学者提出了几种方法来解决上述研究的不足。如 Franke 等[18]提出了一种分层划分的多端元光谱混合分析方法，为限制端元的空间分布将一幅影像划分为几种土地覆盖类型（几个层次）。从上层分类结果中再提取出子类的丰度估计结果，结果显示从上层分类获得的结果可以很好地约束端元分布，从而提高分类精度。Liu 等[19]引入了一种类似的方法，借助道路网密度将研究区划分为农村和城市，而后使用植被、不透水面和土壤 3 种端元，在城市中应用 MESMA 进行分类，而将监督分类应用于农村地区。结果表明，该方法可以最大限度地减少城市土地覆盖类型与农村地区耕地之间光谱混淆的现象出现。分层 MESMA[18]技术的限制在于会根据线性光谱混合分析所得的丰度结果直接将第一层像元分配给不透水面或透水面。例如，若该像元不透水面覆盖度高于 50%，则将其认定为不透水面，否则视为透水面。研究证明分层 MESMA 技术能在一定程度上减小混合像元对分类精度产生的影响，然而，该方法往往是基于高分辨率遥感影像（4 m）实现，还需要在中、低分辨率遥感影像上得到进一步验证。虽然 Liu 等在研究中已利用植被阈值法区分了研究区植被和非植被，但该阈值是基于像元所得，因此在植被分类结果中仍存在混合像元[19]。

2 不透水面光谱采集

2.1 光谱仪工作原理

运用美国 ASD 公司的 FieldSpec 3 光谱仪（图 2-1）在自然环境下实地测量不同类型的不透水面的光谱反照率，光谱范围为 350～2 500 nm。光谱范围在 700～1 400 nm，光谱分辨率为 3 nm；光谱范围在 1 400～2 100 nm，光谱分辨率为 10 nm。选择晴朗、无风、无云天气，于 10：00—14：00 测定光谱反照率。

图 2-1 便携式 ASD 光谱仪

由光谱仪通过光导线探头摄取目标光线，经由 A/D（模/数）转换卡（器）变成数字值，进入计算机。整个测量过程由操作人员控制计算机完成。便携式计算机控制光谱仪实时将光谱测量结果显示于计算机屏幕上（图2-2），测得的光谱数据可储存在计算机内，也可拷贝到软盘上。为了测定目标光谱，需要测定3类光谱辐射值：第一类称暗光谱，即没有光线进入时仪器记录的光谱（通常是系统本身的噪声值，取决于环境和仪器本身温度）；第二类为参考光谱，或称标准版白光，实际上是从比较完美的漫辐射体白板上测得的光谱；第三类为样本光谱或目标光谱，是从感兴趣的目标物上测得的光谱。为了消除光线差异或者环境变化所产生的影响，需要每约半小时进行白板参考光谱的测量。最后，所测目标的反照光谱是通过目标光谱辐射值除以参考光谱辐射值得到。因此，目标反照光谱是相对于参考光谱辐射的比值，即光谱反照率，由软件 ViewSpecPro 将测得的光谱曲线进行简单处理和导出。

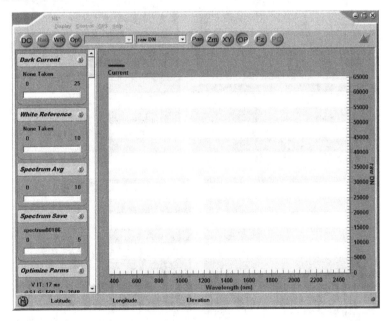

图 2-2　光谱测量软件 RS3 界面

广州市不透水面类型主要有沥青、大理石、混凝土和砖块。分别在二沙岛的星海音乐厅附近以及沿珠江人行道、黄花岗公园及其附近道路等测量区域进行实地光谱测量（图2-3），选择天河区、黄埔区等区域进行不透水面光谱测量验证，所测得的地物材质主要为沥青、混凝土、大理石、砖块。

图 2-3　测量选点示例

2.2　典型不透水面光谱特征

根据研究需要，选取材质为沥青、混凝土、大理石、砖块的道路、广场和房顶等地物进行不透水面光谱测量。

2.2.1　大理石光谱特征

大理石的命名原则不一，有的以产地和颜色命名，如丹东绿、铁岭红等；有的以花纹和颜色命名，如雪花白、艾叶青；有的以花纹形象命名，如秋景、海浪；有的是传统名称，如汉白玉、晶墨玉等。其主要被加工成各种形材、板材，用作建筑物的墙面、地面、台、柱，还常作为纪念性建筑物（如碑、塔、雕像等）的原始材料。

大理石是广场等场所常用的地面材料，根据不同环境设计采用不同颜色的大理石，主要有白色、灰色及红色。不同的大理石反照光谱有所差异，但是由于材质属性相同，所以呈现的光谱曲线趋势大致相同（图 2-4）。图中显示反照率较高的曲线是白色大理石的反照光谱曲线，其次是红色和灰色大理石的反照光谱曲线。大理石的光谱曲线整体较为平坦，但是在 600 nm 前上升较快，600 nm 以后逐渐减缓上升趋势，在 2 100 nm 处有明显的波峰，2 200 nm 处则是明显的波谷（图 2-5）。

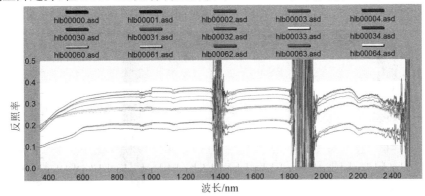

图 2-4　大理石实测光谱曲线（红、灰、白三色大理石）

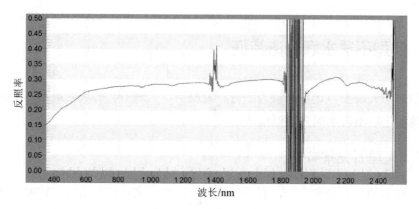

图 2-5　大理石光谱曲线平均值

2.2.2　沥青光谱特征

沥青属于憎水性材料，表面不透水，也几乎不溶于水、丙酮、乙醚、稀乙醇，溶于二硫化碳、四氯化碳、氢氧化钠。在土木工程中，沥青是应用相对广泛的防水材料和防腐材料，主要应用于屋面、地面、地下结构的防水，木材、钢材的防腐。沥青还是道路工程中应用相对广泛的路面结构胶结材料，它与不同组成的矿质材料按比例配合后可以建成不同结构的沥青路面，高速公路应用较为广泛。

纯度较高的沥青道路较为少见，一般与混凝土混合作为道路铺面材料。沥青材质的道路光谱反照率普遍较低，属于不透水面中低反照率地物（图 2-6 和图 2-7）。

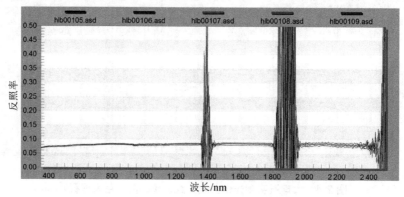

图 2-6　沥青实测光谱曲线

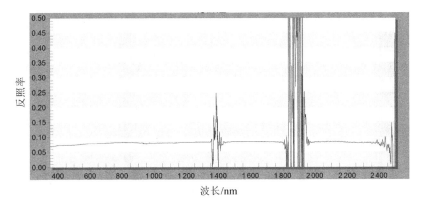

图 2-7　沥青光谱曲线平均值

2.2.3　砖块光谱特征

砖是最传统的砌体材料，已由黏土为主要原料逐步向利用煤矸石和粉煤灰等工业废料发展，同时由实心向多孔、空心发展，由烧结向非烧结发展。砖块分烧结砖（主要指黏土砖）和非烧结砖（灰砂砖、粉煤灰砖等），俗称砖头。黏土砖以黏土（包括页岩、煤矸石等粉料）为主要原料，经泥料处理、成型、干燥和焙烧而成。测量区域内，砖块颜色稍有不同，红色砖块居多。红砖的光谱曲线在 600 nm 处陡然上升，反照率突增，最高达到 0.35，在 2 100 nm 之后呈现下降趋势（图 2-8 和图 2-9）。

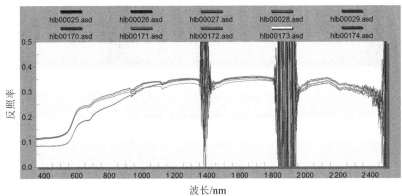

图 2-8　砖块实测光谱曲线

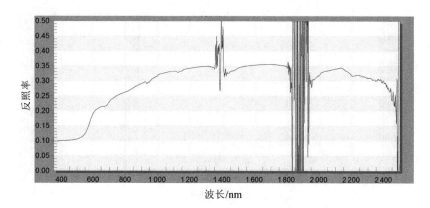

图 2-9　砖块实测光谱曲线平均值

2.2.4　塑胶光谱特征

塑胶道路较为稀少，主要分布在校园和部分道路旁。塑胶的光谱曲线波动较大，有 3 个波谷，分别位于 600 nm、1 700 nm 和 2 200 nm 处（图 2-10 和图 2-11）。

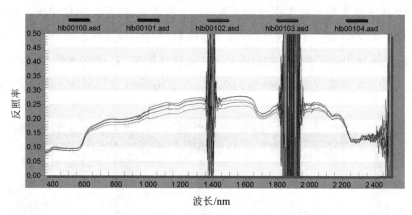

图 2-10　塑胶实测光谱曲线

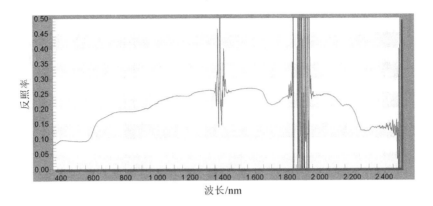

图 2-11 塑胶实测光谱曲线平均值

2.2.5 水泥鹅卵石混合道路光谱特征

水泥鹅卵石混合道路在城市中分布较少,一般出现在广场或者公园中。水泥鹅卵石的光谱曲线变化较为明显,在 600~800 nm 和 2 100~2 300 nm 处波动幅度较大(图 2-12 和图 2-13)。

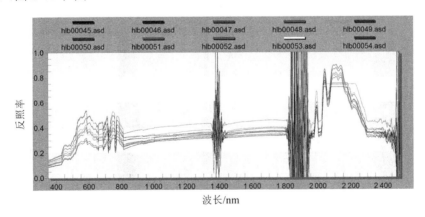

图 2-12 水泥鹅卵石混合道路实测光谱曲线

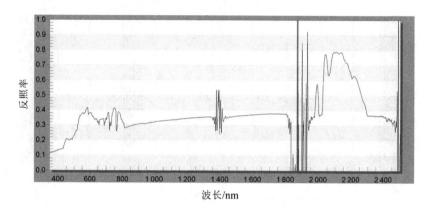

图 2-13　水泥鹅卵石混合道路实测光谱曲线平均值

2.2.6　水泥光谱特征

纯水泥道路分布较少，水泥一般与沙石作混凝土。水泥的实测光谱曲线比较特殊，在 1 000～1 300 nm 和 1 500～1 700 nm 处有明显波动，分别在 1 200 nm 和 1 500 nm 处达到波峰（图 2-14 和图 2-15）。

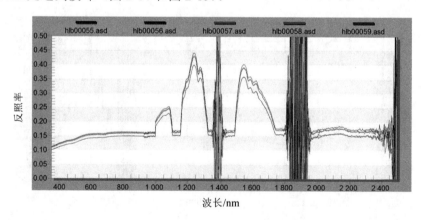

图 2-14　水泥实测光谱曲线

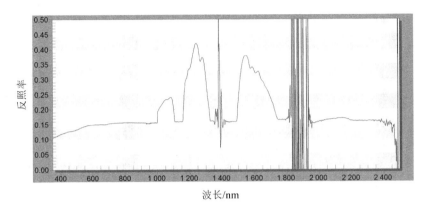

图 2-15 水泥实测光谱曲线平均值

2.2.7 混凝土光谱特征

通常讲的混凝土是指用水泥作胶凝材料,砂、石作骨料,与水(可含外加剂和掺合料)按一定比例调配,经搅拌而得的水泥混凝土,也称普通混凝土,它广泛应用于土木工程。混凝土的实测光谱曲线平缓且反照率普遍较低,在 500 nm 处处于上升趋势(图 2-16 和图 2-17)。

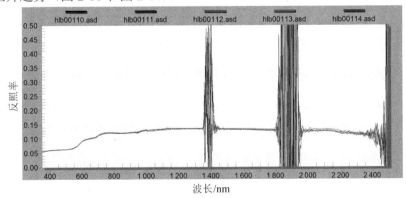

图 2-16 混凝土实测光谱曲线

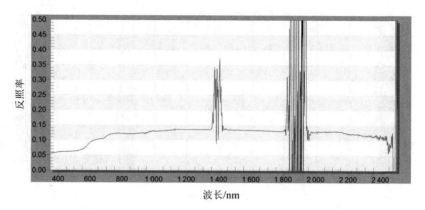

图 2-17 混凝土实测光谱曲线平均值

3　改进的 LSMA 不透水面提取模型及应用

本章提出两种改进的线性光谱混合分解（LSMA）不透水面提取模型，以此估算城市或郊区的各地类丰度。利用改进的 LSMA 模型对广州市主城区 1988—2015 年的不透水面进行提取，并对其动态变化情况进行分析，以期为城市化和城市规划的研究提供理论依据。

3.1　基于地物覆盖类别的多端元光谱混合模型

3.1.1　典型研究区概况及数据

选取美国威斯康星州的密尔沃基及沃基肖为研究区（图 3-1）。两个区域均位于美国的五大湖区域，且均属温带大陆性湿润气候。研究区占地面积为 2 665 km^2，人口约为 130 万[20]。密尔沃基的土地利用类型主要为城市用地及各郊区的如商业、住宅和工业等用地，而沃基肖则主要为郊区的各类用地及农用土地（如农田、森林等），区域内均存在大量的不透水面、裸土及植被，十分适用于评价 C-MESMA模型的分类效果。

研究将 2001 年 9 月 11 日获取的空间分辨率为 30 m 的 Landsat 7 ETM+（Enhanced Theme Mapper plus）影像（条带号为 23，30）作为主要数据源。C-MESMA 方法主要使用了 Landsat 7 ETM+影像的前 6 个波段，利用 ENVI 软件提供的辐照定标，将影像像元的 DN 值转换为定标后的辐照亮度值；利用 FLAASH 模型进行大气校正，其中，大气校正选择中纬度夏季乡村模型，气溶胶反演则利用 2-Band（K-T）模型，最终输出各地物反照率[21]；以比例尺为 1∶24 000 的密尔沃基和沃基肖（2000 年 4 月 13 日）标准数字正射影像 DOQQ 为参考数据，评价监督分类及

MESMA 分类结果。在使用 C-MESMA 分类之前，先对水体进行掩膜，并将影像重投影为 UTM（Universal Transverse Mercator）投影。

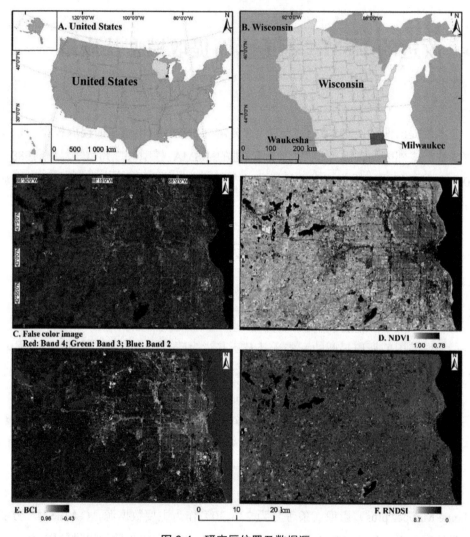

图 3-1　研究区位置及数据源

A. 美国；B. 威斯康星州；C. Landsat 7 ETM+（假彩色）；D. 归一化植被指数（NDVI）；E. 生物物理成分指数（BCI）；F. 归一化裸土指数（RNDSI）；False color image：假彩色图像。

3.1.2 C-MESMA 原理

C-MESMA 主要包括两个过程，即监督分类和 MESMA（图 3-2）。其中，监督分类包括光谱指数运算和波段合并，而 MESMA 则包括亚像元混合分解和丰度结果合并。研究基于归一化植被指数（Normalized Difference Vegetation Index，NDVI）[22]、生物物理成分指数（Biophysical Composition Index，BCI）[23]以及归一化裸土指数（Ratio Normalized Difference Soil Index，RNDSI）[24] 3 种光谱指数对 Landsat 影像进行了计算，通过以上 3 种光谱指数，可有效突出影像中各地物覆盖类别的光谱特征及信息[25]。然后根据所划分的 6 种地物类别，选择纯净像元作为训练样本，利用支持向量机（SVM）方法对融合后影像进行分类。同时，参考 DOQQ 图像提供的高分辨率数据进行验证样本选择，样本选取过程中尽量避免选取混合像元。训练样本包括 3 个纯净地物类别，即不透水面（60 个样本）、土壤（37 个样本）和植被（60 个样本）；以及 3 个混合地物类别，即植被-不透水面（60 个样本）、植被-土壤（60 个样本）和植被-不透水面-土壤（26 个样本）。研究区中只有少部分像元属于不透水面-土壤的混合类别，因此将该种类型的像元合并归为植被-不透水面-土壤。采用支持向量机方法将整个研究区域划分为 6 种地物类别，基于像元分类的 3 个纯净地物类别（不透水面、植被和土壤）均为纯净像元，因此不参与混合像元分解过程。根据其监督分类结果将像元丰度赋值为 1 并分配给相应的类别，而其他 3 种混合地物类别，则采用 MESMA 方法进行分类。最后，将基于支持向量机得到的纯净地物覆盖类别与 MESMA 获取的丰度结果图像进行融合，生成不透水面、植被以及土壤的分类结果影像（图 3-2）。

3.1.2.1 监督分类

由于可以获得较好的影像解译效果，光谱指数已被广泛用于遥感影像分类研究中[26]。本节利用光谱指数突出不同土地覆盖类别的光谱特征，以降低高反照率不透水面与干燥土壤、低反照率不透水面与水体以及阴影部分与水体之间在解译过程中出现混淆现象的概率。

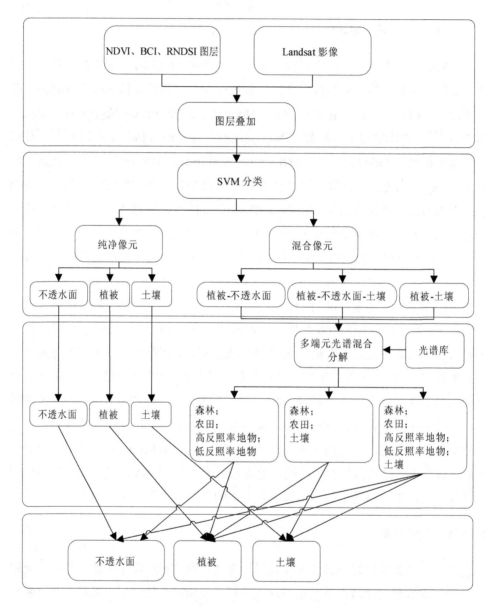

图 3-2 基于地物覆盖类别的 MESMA 流程

注：不透水面由高反照率、低反照率和不透水面地物组合而成；植被由森林、耕地等组合而成；土壤由纯净地物类别中的土壤以及混合像元分解所得的土壤丰度估计结果组合而成。

将 NDVI、BCI 及 RNDSI 3 种指数与 Landsat 影像的原始波段相融合。通过缨帽变换（Tasseled Cap Transform，TC 变换）计算出的 BCI 指数，不仅可以增强城市及郊区的不透水面信息，与归一化差异不透水面指数（Normalized Difference ISA Index，NDISI）以及归一化建筑指数（Normalized Built-up Index，NDBI）相比，还能更好地减少土壤对不透水面提取带来的影响[23]。而归一化植被指数可直观反映出研究区植被的覆盖状况，是目前遥感影像分类研究中应用最广泛、最快速，且能准确识别并提取植被区域的方法[22]。归一化裸土指数能准确区分不透水面及植被，从而突出土壤的信息[24]。每种指数均被特定用于某一种地物类型，以此来凸显各土地覆盖类型之间的差异，以上 3 种指数的计算公式如式(3-1)～式(3-3)所示：

$$BCI = \frac{(H+L)/2-V}{(H+L)/2+V} \qquad (3-1)$$

式中，$H = \dfrac{TC1-TC1_{min}}{TC1_{max}-TC1_{min}}$、$V = \dfrac{TC2-TC2_{min}}{TC2_{max}-TC2_{min}}$，以及 $L = \dfrac{TC3-TC3_{min}}{TC3_{max}-TC3_{min}}$。TC1、TC2 和 TC3 分别代表 TC 变换的第一分量、第二分量和第三分量，$TC1_{min}$、$TC2_{min}$ 和 $TC3_{min}$ 分别代表 TC 变换的第一分量、第二分量和第三分量的最小值；$TC1_{max}$、$TC2_{max}$ 和 $TC3_{max}$ 分别代表 TC 变换的第一分量、第二分量和第三分量的最大值。

$$NDVI = \frac{B_{NIR}-B_{RED}}{B_{NIR}+B_{RED}} \qquad (3-2)$$

式中，B_{NIR}、B_{RED} 分别代表近红外波段、红光波段的反照率。

$$RNDSI = \frac{NNDSI}{NTC1} \qquad (3-3)$$

式中，$NNDSI = \dfrac{NDSI-NDSI_{min}}{NDSI_{max}-NDSI_{min}}$，$NTC1 = H$，$H = BN_k = (R_k - R_{k,min})/(R_{k,max}-R_{k,min})$，$H$ 与 BN_k 所求值相同，其中 NNDSI 是双归一化土壤指数，NDSI 是归一化土壤指数，BN_k 是 k 波段的归一化值，R_k 是 k 波段的原始光谱反照率，$R_{k,max}$ 和 $R_{k,min}$ 分别是 k 波段反照率的最大值和最小值，NTC1 是 TC 变换中第一分量 TC1 的归一化结果。NDSI 的计算过程如式（3-4）所示：

$$NDSI= \frac{(band\ 7 - band\ 2)}{(band\ 7 + band\ 2)} \qquad (3\text{-}4)$$

式中，band 7 以及 band 2 是 Landsat TM/ETM+影像中的第 7 波段和第 2 波段的反照率。

支持向量机目前已被广泛应用于遥感影像分类中[27]。该方法的目的是通过训练样本，在特征空间中寻找间隔最大化的分离超平面[28]。大量实际应用表明，相比其他影像识别分类技术，如最大似然法以及神经网络分类，支持向量机拥有更大的优势[27]。因此，本章采用支持向量机分类方法，利用 3 个光谱指数（图 3-1）以及 Landsat 影像的前 6 个光谱波段，将遥感影像分为 6 种地物覆盖类别，即不透水面、植被、土壤、植被-不透水面、植被-土壤以及植被-不透水面-土壤。研究基于 DOQQ 影像获取的高分辨率信息，在 Landsat 遥感影像上选取验证样本共 330 个（每类 55 个样本），同时，采用混淆矩阵的方法来评估 SVM 的分类效果。

3.1.2.2　多端元光谱混合分析

（1）端元选择及光谱数据库构建

端元的选择对能否成功实现光谱混合分析至关重要[29]。确定端元个数及其对应的光谱特征是选择合适端元的首要步骤，本章中，通过在 Landsat 遥感影像中选择纯净像元来提取端元，详细步骤如下：①首先通过 DOQQ 图像，对研究区地物进行目视判读；②根据研究区的地物类型确定端元数量；③将 Landsat ETM+影像与 DOQQ 图像进行叠置分析；④识别出包含对应端元的区域；⑤提取 ETM+影像中位于每类区域中心的像元；⑥将所选像元与 SVM 分类结果中相同位置的像元进行比较，剔除错误标记的像元；⑦对所选择的像元光谱进行平均，将平均光谱作为端元；⑧选取森林、耕地、高反照率地物、低反照率地物和土壤 5 个端元构建光谱库。由于纯净地物类别不需要进行 MESMA，因此，只构建了 3 个光谱库，获得对应的每个混合地物类别（植被-不透水面、植被-土壤和植被-不透水面-土壤）（表 3-1），以及每种端元的光谱反照率和光谱指数（图 3-3）。

表 3-1 端元光谱库

光谱库端元数量	端元
植被-不透水面（4）	高反照率地物、低反照率地物、森林、耕地
植被-土壤（3）	森林、耕地、土壤
植被-不透水面-土壤（5）	高反照率地物、低反照率地物、森林、耕地、土壤

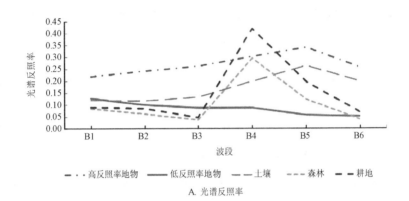

A. 光谱反照率

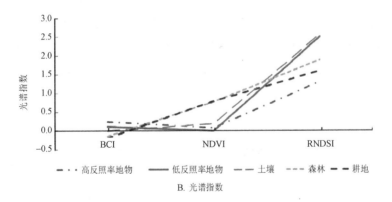

B. 光谱指数

图 3-3 每个端元的光谱反照率（A）和光谱指数（B）

（2）模型构建

光谱混合分析方法认为混合像元的光谱由多个端元的光谱共同组合而成，其核心是应用数学方法导出每个端元的丰度值。其中，线性光谱混合分析方法最为常见，它假设每种地物覆盖类别与像元的光谱呈线性组合关系。可通过式（3-5）

计算：

$$R_i = \sum_{k=1}^{n} f_k R_{ik} + \mathrm{ER}_i \qquad (3\text{-}5)$$

式中，$i = 1$，…，m（m：波段数量）；$k = 1$，…，n（n：端元数量）；R_i 是波段 i 的光谱反照率；f_k 是像元内端元 k 所占比例；R_{ik} 是波段 i 上像元内端元 k 的光谱反照率；ER_i 是波段 i 的误差值，式中应用了完全约束最小二乘法的混合像元分解，假定同时满足以下两个条件：$\sum_{k=1}^{n} f_k = 1$，$0 \leqslant f_k \leqslant 1$。

　　LSMA 方法虽然简单，但不适用于人工地表面覆盖类型复杂的城市。由于每种覆盖类型只允许用一个端元代表，因此，LSMA 不能充分解决复杂城市区域中的光谱变异性问题[12,30-32]。多端元光谱混合分析（MESMA）是 Roberts 等[13]提出的一种改进地类内和地类间光谱变异性问题的方法。该方法光谱库中的端元数目不受限制，端元组合可以随像元任意变化，有效地解决了 LSMA 中光谱变异性的问题。本节中，MESMA 方法被应用于分解 3 种混合地物类别，RMSRE 被用于评估参数，以此选择最适合的端元模型，同时 RMSRE 也被用于评价各端元组合的分类效果。在此使用缩写形式 RMSRE 是为了将其与均方根误差（Root Mean Square Error，RMSE）进行区分，而 RMSE 是用于评估 MESMA 结果中估计值与参考值之间精度的参数。

　　RMSRE 公式如下：

$$\mathrm{RMSRE} = \sqrt{\sum_{i=1}^{N} \frac{\mathrm{ER}_i^2}{N}} \qquad (3\text{-}6)$$

式中，N 为波段总数，ER_i 是波段 i 的误差值。该值通过公式 $R_i = \sum_{j}^{n} f_j R_{i,j} + \mathrm{ER}_i$ 进行计算，该式中，R_k 是波段 k 上像元的光谱反照率；f_j 是像元中端元 j 的丰度值；$R_{k,j}$ 是端元 j 在波段 k 上的光谱反照率；ε_k 是波段 k 的误差；n 是端元数。对于完全约束的光谱混合分析，应满足两个约束条件，f_j 总和为 1（$\sum_{j}^{n} f_j = 1$）以及值为非负（$0 \leqslant f_j \leqslant 1$），一般情况下，求解最小二乘误差估计值的过程就是找到最小误差值[33]。

通常来说，与端元较少的模型相比，端元较多的模型 RMSRE 值可能会较低，但其中可能会包含错误的端元，从而导致部分土地覆盖类型丰度结果估计错误。为了解决此问题，如果与拥有较多端元的模型相比，RMSRE 值差异不大时（如均小于 0.1），可以选择端元数较少的模型作为最佳拟合模型[18]。利用 MESMA 得到各地物丰度结果，其中，将森林和耕地的丰度值之和作为植被的丰度值，将低反照率和高反照率地物的丰度值相加，可得出不透水面的丰度。最后，将支持向量机和 MESMA 得到的分幅图像进行组合，最终生成研究区的土地覆盖类型结果图。

3.1.2.3 精度验证

精度验证是评价模型性能的重要步骤之一。然而，传统的精度验证方法，如混淆矩阵、Kappa 系数和总体分类精度（Overall Accuracy，OA）不适用于基于亚像元的遥感影像混合分析[34-36]。而对于亚像元混合分析最常用的方法是均方根误差，常用于衡量建模结果所得估计值同参考值之间的偏差。验证样本的参考值是根据 DOQQ 影像计算所得，其验证样本位置与 MESMA 结果中的相同。基于以下原因，本节只选择了研究区不透水面的一部分进行分析，原因包括：①不同季节的土壤及植被相互转换变化极大；②DOQQ 影像的获取日期与 Landsat 影像的成像日期不完全匹配。因此，研究未对植被和土壤进行精度验证，RMSE 公式如式（3-7）所示：

$$\text{RMSE} = \sqrt{\frac{\sum_{i=1}^{N}(\hat{X}_i - X_i)^2}{N}} \tag{3-7}$$

式中，$\hat{X}_i$ 是不透水面验证样本 i 的模型估计值，X_i 是不透水面验证样本 i 的参考值，N 代表验证样本总数。

使用分层随机选择方法共选取 351 个验证样本（植被：62，土壤：20，不透水面：32，植被-土壤：37，植被-不透水面：128，植被-不透水面-土壤：72）。每个样本大小确定为 90 m×90 m（Landsat 影像中为 3 像元×3 像元），以降低数据采集及投影转换过程中引起的几何误差。通过将样本内的不透水面数字化来提取DOQQ 图像中的不透水面丰度值（图 3-4）。为了验证 C-MESMA 的分类效果，研究确定了包含 11 种不同类别的验证样本,其中有:包括所有类别的样本、不透水面样本、植被样本、土壤样本、植被-土壤样本、植被-不透水面样本、植被-不透水面-土壤样本、不包括不透水面的样本、包括不透水面的样本、所有纯净地物类别样本以及所有混合地物类别样本。最后,将各分类所得精度与传统 MESMA 方法的相应结果进行比较。

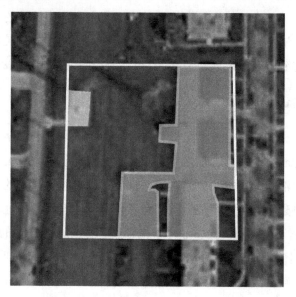

图 3-4　验证样本地物参考丰度计算图解

注:影像为 DOQQ;白色矩形表示 90m×90m(Landsat 影像中为 3 像元×3 像元)样本;片状区域是具有不透水面的区域;参考丰度通过不透水面面积除以样本面积(8 100 m²)所得。

3.1.3　城市不透水面提取结果分析

3.1.3.1　支持向量机分类

利用支持向量机将整个研究区划分为 6 种土地覆盖类型(图 3-5)。不透水面主要分布于密尔沃基,尤其集中分布在市中心和大型购物中心;植被主要分布在南部地区;而土壤的分布相比植被和不透水面更为分散,主要集中在农村地区。植被-不透水面主要位于中心商业区(Central Business District,CBD)以外的居民区;而植被-

土壤类别在耕地中占主导地位；植被-土壤主要分布在靠近道路以及居民区区域。

　　本章通过混淆矩阵及 Kappa 系数验证 SVM 的分类精度。结果显示，支持向量机的总体分类精度为 87.58%，Kappa 系数为 0.85（表 3-2），该分类精度已达要求，可供进一步分析。

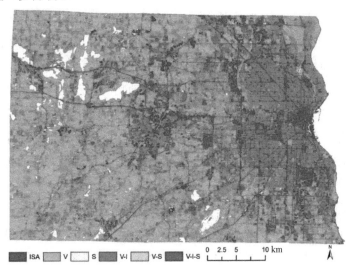

图 3-5　支持向量机分类结果

（ISA：不透水面，V：植被，S：土壤，V-I：植被-不透水面，V-S：植被-土壤，V-I-S：植被-不透水面-土壤）

注：分类前对水体进行了掩膜。

表 3-2　混淆矩阵-支持向量机

分类数据	ISA	V	S	V-I	V-S	V-I-S	总体	User Acc./%
ISA	54	0	6	2	1	1	64	84.38
V	0	55	0	2	12	0	69	79.71
S	0	0	43	0	1	0	44	97.73
V-I	0	0	3	50	7	1	61	81.97
V-S	0	0	3	1	34	0	38	89.47
V-I-S	1	0	0	0	0	53	54	98.15
总体	55	55	55	55	55	55	330	
Prod. Acc./%	98.18	100	78.18	90.91	61.82	96.36		
总体分类精度=87.58%		Kappa 系数=0.85						

注：ISA、V、S、V-I、V-S、V-I-S 分别指不透水面、植被、土壤、植被-不透水面、植被-土壤、植被-不透水面-土壤。User Acc.和 Prod. Acc.分别为用户精度和制图精度。

3.1.3.2　多端元光谱混合分析

选取耕地、森林、高反照率不透水面、低反照率不透水面和土壤 5 种地物类型的端元，建立相应的土地覆盖类型光谱库。对于每种混合地物类别（即植被-不透水面、植被-土壤和植被-不透水面-土壤），分别应用 MESMA 方法来估计这些端元的比例。随后，将混合地物类别的低反照率和高反照率不透水面的丰度估计结果，与纯净地物类别的丰度结果合并，最终生成不透水面丰度结果图（图3-6A）。同样，最终的植被丰度结果图是将混合地物类别及纯净地物类别中的森林和耕地部分合并而得（图 3-7A）。最后，通过合并混合地物类别及纯净地物类别中的土壤部分，得到土壤的丰度结果图（图 3-8A）。为了更好地进行对比分析，图 3-6B、3-7B、3-8B 分别呈现了由具有相同端元、数据源及算法的传统 MESMA 生成的不透水面、植被和土壤的丰度结果。

不透水面丰度图（图 3-6）中显示，高反照率不透水面百分比（%ISA）集中在密尔沃基市的 CBD 和各大型购物中心，除此之外，城市的主干道和高速公路也在%ISA 中占据相当高的一部分比例。中等%ISA 主要集中在密尔沃基 CBD 附近的居民区。大体上比较，C-MESMA 和 MESMA 结果中的不透水面分布格局是一致的。其主要的不同之处在于城市与农村地区所估计的%ISA 值范围，使用 C-MESMA，城市地区所得%ISA 值较高，而农村地区%ISA 值较低。以农村地区为例，C-MESMA 结果显示，高反射率不透水面在耕地和森林面积中的百分比接近于零，但在 MESMA 结果中的数值却为 20%。这种在 MESMA 中结果的被高估，主要是由于端元中错误地包含不透水面。相反，在城市地区，C-MESMA 的%ISA 值较高，主要是由于排除了土壤端元。

除%ISA 外，植被和土壤的丰度估计结果也存在差异（图 3-7 和图 3-8）。结果显示，与 MESMA 相比，使用 C-MESMA 所得植被的比例相对较高，土壤在农村地区的分布较多而在密尔沃基市市区分布较少。

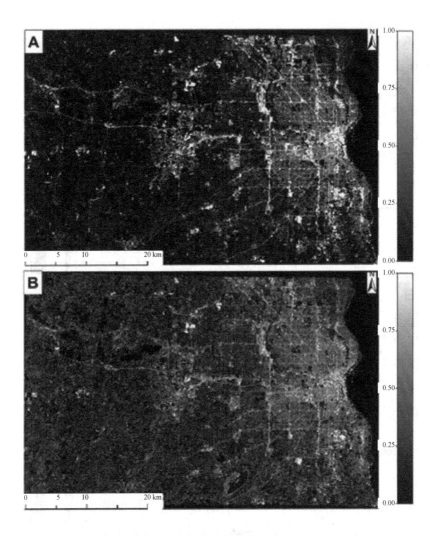

图 3-6　不透水面丰度结果

注：A 为 C-MESMA；B 为 MESMA。

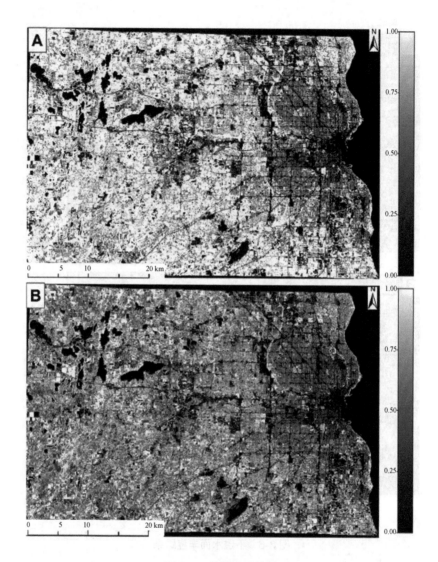

图 3-7　植被丰度结果

注：A 为 C-MESMA；B 为 MESMA。

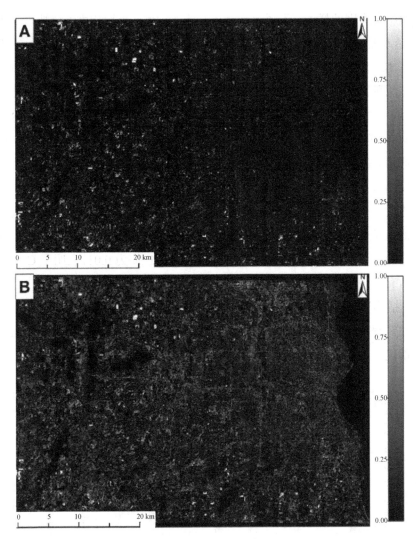

图 3-8 土壤丰度结果

注：A 为 C-MESMA；B 为 MESMA。

3.1.3.3 精度验证及比较分析

本书除对不透水面、植被和土壤的丰度结果进行目视解译分析外，还进行了定量精度评估。根据第 3.1.2 节的方法，研究对 11 组样本中的%ISA 进行了精度验证，即所有类别的样本、不透水面样本、植被样本、土壤样本、植被-土壤样本、植被-不透水面样本、植被-不透水面-土壤样本、不包括不透水面的样本、包括不透水面的样本、所有纯净地物类别样本以及所有混合地物类别样本。C-MESMA 和 MESMA 两种方法的各组样本均采用 RMSE 进行精度验证（图 3-9）。结果表明，除土壤外，C-MESMA 所有类别的 RMSE 值均显著低于 MESMA。C-MESMA 总体的 RMSE 值为 0.12，明显低于 MESMA 的 0.18，其中，C-MESMA 中土壤的 RMSE 值（0.35）略高于 MESMA 中土壤的 RMSE 值（0.34）。但是，两者的土壤分类精度结果与其他土地覆盖类型相比都高，这表明目前研究中区分不透水面和土壤的难度依旧很大。除对所有样本进行精度评估外，C-MESMA 中植被、植被-不透水面、植被-不透水面-土壤、包括不透水面的样本以及混合地物类别样本的 RMSE 值均小于 0.1，尤其是植被类别样本，其 RMSE 值为 0.01，表明了 C-MESMA 中几乎所有丰度估计结果都与参考值相近。C-MESMA 所得的不透水面、植被-土壤、不包括不透水面的样本以及纯净地物类别样本结果略高，但均低于 MESMA。综上所述，这些对比分析表明，在本章的几乎所有土地覆盖类型中，C-MESMA 的性能都优于 MESMA。

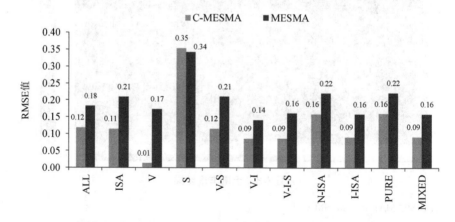

图 3-9　C-MESMA 和 MESMA 方法中不透水面的 RMSE 值

注：ALL：总体样本；ISA：不透水面样本；V：植被样本；S：土壤样本；V-S：植被-土壤样本；V-I：植被-不透水面样本；V-I-S：植被-不透水面-土壤样本；N-ISA：不包括不透水面的样本；I-ISA：包括不透水面的样本；PURE：纯净地物类别样本（不透水面、土壤以及植被）；MIXED：混合地物类别样本。

为了进一步研究 C-MESMA 结果中的估计值与参考值之间的关系，利用散点图来表示它们之间的相关性（图 3-10），其线性关系的趋势线显示斜率接近 1，R^2 为 0.88，表明估计值与参考值之间存在显著的相关性。

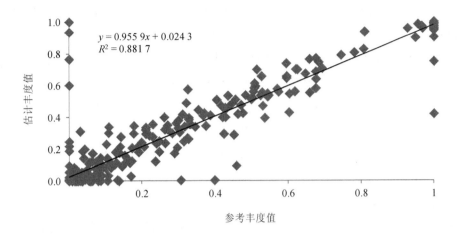

$$y = 0.955\,9x + 0.024\,3$$
$$R^2 = 0.881\,7$$

图 3-10　不透水面丰度结果散点

　　尽管 MESMA 允许端元及其组合可以随像元的不同而不同，但"最佳"的端元模型仍可能会选择不合适的端元集，这由端元的各地类间和地物内的光谱变异性所致。由于模型中错误地包含或排除了某种端元，可能相应获得错误的土地覆盖类型丰度估计结果[15]。在以往的研究中，很少有 SMA 或 MESMA 技术可以解决这一问题，而且大多数学者忽略了端元在空间分布不均匀的事实。Franke 等[18] 和 Liu 等[19]将整个研究区划分为几个区域，在一定程度上限制了端元的分布，虽解决了部分限制，但该方法仍具有局限性。因为混合像元并不能被完全分类为不透水面、透水面或植被，从而导致所得到的分割图像中存在错误的分类结果。因此，为了解决混合像元问题，研究在支持向量机分类中引入了混合土地覆盖类型，也就是说，整个研究区分为 3 种纯净地物类别（如不透水面、土壤、植被）和 3 种混合地物类别（如植被-不透水面、植被-土壤和植被-不透水面-土壤）。通过将像元合理分配到各混合地物类别中，成功地解决了基于像元的硬分类中单个像元只能代表一种土地覆盖类型的限制 [11,37]。

　　C-MESMA 方法不仅约束了端元的空间分布，还提高了分类计算效率。而传统的 MESMA 方法的主要问题是对整个研究区域均使用同一全球光谱库，虽然它在一定程度上可以解决类间和类内的光谱可变性[38]，但选择最佳端元模型的标准仍然需要通过系统验证，因为其中可能包含不合适的端元。本章利用 C-MESMA，根据不同的混合地物类别分别建立了 3 个不同的光谱库。一方面，端元的分布被限制在相应的土地覆盖类型中，不合适的端元被排除在分解模型之外。例如，对于植被-不透水面土地覆盖类型，模型仅考虑植被端元以及不透水面端元，将土壤排除在外，有效地解决了研究区城市土壤面积被高估的问题。另一方面，随着无关的光谱端元数量减少，光谱特征数也随之显著减少，从而提高了解混过程中的计算效率。此外，由于光谱库中的光谱特征数较少，C-MESMA 算法的计算效率还可以进一步提高。一些研究人员试图将整个光谱库分成几个库来提高计算效率，这些库中的每个库只包含一个土地覆盖类别的光谱[39]。该策略虽然可以减少计算的时间，但由于每个端元组合中只能包含每个土地覆盖类别的一个光谱，所以会不利于解决各地类内的变异性。例如，不透水面通常包含两种类型的特征，即高反照率和低反照率[10]，这两种类型地物的特征常常接近且相似，尤其在市中心区域，因此如果端元组合模型中只包含其中一个，则可能会出现错误分类结果。与之相反，C-MESMA 方法则认为所有光谱都是潜在的端元。将光谱库规模的减小归因于支持向量机分类对相应土地覆盖类型的约束。此外，由于支持向量机得到的纯净地物类别被排除在光谱混合分解外，进一步节省了分类运算的时间。

尽管 C-MESMA 相比其他方法有众多优点，但其不能完全解决土壤和不透水面之间的混淆问题，这是因为砂质土壤的光谱特征与高反照率不透水面的光谱特征高度相似，因此结果中土壤的比例会被高估。然而，大部分砂质土壤都集中在发展中地区或工业区，这些区域在一定程度上会被归类为城市建设用地。

3.2　改进的 LSMA 的不透水面提取方法

线性光谱混合分解（LSMA）模型假设遥感影像上混合像元的光谱反照率是该像元内的植被、土壤和不透水面组分及其面积比例的线性组合，这些组分被称为混合像元的端元。根据地物自身的反照特性，不透水面可以被分为高反照率不透水面和低反照率不透水面两大类。

传统的线性光谱解混方法假设影像中每个像元的反照率是该像元所有地物端元的反照率的线性组合，端元占像元光谱的比例为权重系数，其表达式为

$$R_i = \sum_{k=1}^{n} f_k R_{ik} + \mathrm{ER}_i \qquad (3\text{-}8)$$

式中，$i = 1$，2，$\cdots$，M，M 为光谱波段数；n 为地物端元数目；R_i 是波段 i 的反照率；f_k 是端元 k 在像元中所占的面积比例；R_{ik} 是波段 i 的第 k 个端元的光谱反照率；ER_i 是波段 i 的残差。对 Landsat 影像首先利用改进的归一化水体指数（MNDWI）去除水体，然后在此基础上选择土壤、植被、高反照率不透水面和低反照率不透水面 4 个端元作为解混对象，采用最小二乘法求解各端元所占的比例，且线性光谱解混的求解必须满足以下条件：

$$\sum_{k=1}^{n} f_k = 1, \quad 且 \ f_k \geqslant 0 \qquad (3\text{-}9)$$

然而，由于人为、地表材质等因素的影响使得部分端元分量的估计出现的误差，以及 LSMA 方法本身假设条件的误差，导致 LSMA 模型求解时误差增大，使得混合像元内估算的各端元盖度会产生较大误差。

为了提高复杂环境下城市不透水面盖度的遥感提取精度，本节提出一种优化的 LSMA 光谱分解方法提取城市不透水面盖度，首先通过整合不同的光谱指数信息提取纯净端元，其次利用传统的 LSMA 模型进行光谱分解初步获取高反照率不透水面、低反照率不透水面、土壤和植被盖度；最后结合干旱裸土指数（Dry Bare-Soil Index，DBSI）和植被指数对提取的结果进行优化。

3.2.1　研究区域与影像数据

选择粤港澳大湾区内的广州市作为实验区域（图 3-11），将 2019 年 9 月 11 日行列号为 122/44 的 Landsat 8 OLI/TIRS 遥感影像作为数据源。

图 3-11   研究区真彩色影像

3.2.2   改进的 LSMA 的不透水面提取方法原理

本节提出的优化的 LSMA 光谱解混不透水面盖度提取方法（图 3-12），包括以下 6 个步骤：①对 Landsat-5 TM/Landsat 8 OLI 遥感数据进行预处理；②利用改进的归一化水体指数（Modified Normalized Difference Water Index，MNDWI）进行水体掩膜，去除水体像元；③利用遥感影像的光谱反照率计算相应的光谱指数，包括植被指数、干旱裸土指数[40]、归一化建筑指数；此外，结合遥感影像各波段反照率信息，利用缨帽变换函数对 Landsat 图像进行缨帽变换，分别得到第一分量"亮度指数"、第二分量"绿度指数"和第三分量"湿度指数"，对第一分量和第三分量分别进行归一化，得到对不透水面比较敏感的高反照率和低反照率部分；④利用感兴趣区域（Region of Interest，ROI）在实际地表反照率影像上特征明显的区域内选取各类土地利用特征明显的矩形区域，这一操作的目的是减少端元选取过程中参与选择的像元的数据量；通过 ENVI 软件，实现以上相关指数的波段叠加，生成一个多波段的光谱指数文件，在二维可视化窗口（2D Scatter Plot）中利用多个光谱指数进行端元选取；⑤结合优化的端元，利用 LSMA 模型初步计算

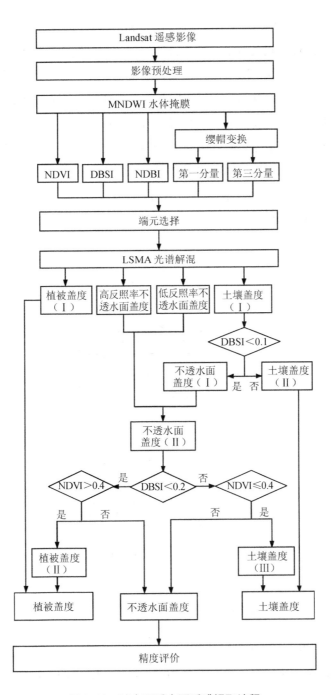

图 3-12 城市不透水面遥感提取流程

高反照率不透水面、低反照率不透水面、植被和土壤盖度；在此基础上，根据 NDVI 和 DBSI 光谱指数的相关特征，选择合适的阈值，对线性光谱混合分解的结果进行优化，得到高精度的不透水面、植被与土壤盖度；⑥对不透水面的提取结果进行精度验证，通过对谷歌影像内样本区域的矢量化，得到真实不透水面盖度，用来检验各方法对研究区域内不透水面盖度的提取精度。

为了更好地减小水体对 LSMA 光谱解混结果的影响，结合 MNDWI 指数，利用 OTSU 阈值[41]分割法对 MNDWI 影像进行二值化，进而对以上处理的多光谱影像进行掩膜，去除水体，包括河流、湖泊、水库、水田等（图 3-13）。MNDWI 的计算如式（3-10）所示。

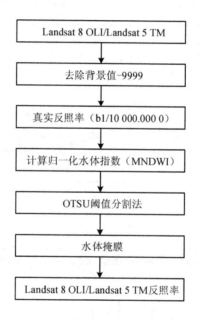

图 3-13　Landsat 遥感影像水体掩膜处理流程

$$MNDWI = \frac{B_{GREEN} - B_{SWIR_1}}{B_{GREEN} + B_{SWIR_1}} \quad （3-10）$$

式中，B_{GREEN} 和 B_{SWIR_1} 分别是遥感影像的绿色波段和中红外波段 1 的反照率，分别对应 Landsat 8 OLI 影像的第 3 波段和第 6 波段、Landsat 5 TM 影像的第 2 波段和第 5 波段。

3.2.2.1 端元选取

为了提高端元选取精度，分别选择对各土地利用类型敏感的相关指数，包括对植被比较敏感的 NDVI，对建筑物等不透水面比较敏感的 NDBI，对土壤比较敏感的 DBSI；此外，还采用了对不透水面的高反照率地物和低反照率地物比较敏感的 BCI 指数的 H 和 L 分量。端元选择包括以下步骤：

（1）指数计算

结合 Landsat 影像的波段反照率信息，分别计算 NDVI［式（3-2）］、DBSI 以及 NDBI 指数：

$$DBSI = \frac{B_{SWIR1} - B_{GREEN}}{B_{SWIR1} + B_{GREEN}} - NDVI \tag{3-11}$$

$$NDBI = \frac{B_{SWIR1} - B_{NIR}}{B_{SWIR1} + B_{NIR}} \tag{3-12}$$

式（3-11）与式（3-12）中，B_{NIR} 和 B_{SWIR1} 分别是遥感影像的近红外波段和中红外波段 1 的反照率，分别对应 Landsat 8 OLI 影像的第 5 波段、第 4 波段和第 6 波段，对应 Landsat 5 TM 影像的第 4 波段、第 3 波段和第 5 波段；B_{GREEN} 是遥感影像的绿色波段，分别对应 Landsat 8 OLI 影像的第 3 波段、Landsat 5 TM 影像的第 2 波段。

（2）通过缨帽变换得到第一分量与第三分量

研究表明，BCI 指数在区分不透水面与裸露土壤方面是比较有效的指标，通过缨帽变换得到 3 个分量，分别命名为"亮度""绿度"和"湿度"，它们分别反映土壤岩石、植被及土壤和植被中的水分信息，BCI 指数的计算如式（3-1）所示。

本节选择 H 和 L 分量进行端元选择，分别对不透水面的高反照率地物和低反照率地物比较敏感。

（3）端元选择

利用感兴趣区域在大面积的森林区域、经济繁荣的商业区域或居民区以及存在大片裸土的区域等具有明显特征的土地覆盖处选择 ROI，便于减少数据量，降低混合像元的复杂程度，使目标土地利用类型的特征更加明显。将感兴趣区域提取出来，作为目标端元选取的来源。最后在二维可视化窗口中，利用 NDVI、NDBI、DBSI、H 分量、L 分量的自由组合，有目的地选取目标纯净像元，输出纯净像元的光谱信息。在识别植被时，NDVI 值越大，说明混合像元内植被盖度越大；NDVI 值和 H 值越大，说明混合像元内不透水面盖度越大；DBSI 值越大，说明混合像元内土壤盖度越明显。值得一提的是，DBSI 值越高，说明土壤特性越明显，但是在一定阈值内，DBSI 对不透水面也有一定的识别能力。因此，在指数组合选择端元过程中，需要将每次组合后选取的端元光谱导出，最后将所有光谱信息进行对比，选择最能代表目标地物的光谱曲线。

3.2.2.2　LSMA 光谱解混结果优化

通常情况下，由于所选取的纯净像元光谱信息存在误差，端元选取过程中所选择的"纯净像元"并不是完全纯净的单一土地利用类型；此外，环境（大气、地形和气候）和周围地物等因素也会对端元选择有影响。基于以上原因，利用 LSMA 模型进行解混后的各端元盖度出现了不同程度的误差，例如，LSMA 解混的土壤盖度和不透水面盖度经常被混淆，一方面，高反照率和低反照率的不透水面中有大量的植被和土壤被错分成不透水面；另一方面，植被和土壤盖度分量中也包含不透水面盖度。为了减少这种误差，本节结合 NDVI 与 DBSI 对 LSMA 解混结果进行进一步优化，以提高不透水面盖度的提取精度。具体包括以下 3 个步骤：

1）在 LSMA 解混结果的土壤盖度图像中，提取被错分成土壤的不透水面像元，将这些像元的盖度归为不透水面盖度。研究结果表明，像元的 DBSI 值越大，像元中土壤的盖度越大，可以认为在像元尺度上，像元的 DBSI 值高于某一个阈值后，该像元属于土壤。基于以上理论，可以利用 DBSI 的阈值将土壤和不透水面进行分离，提取土壤盖度图像中的不透水面像元，结合真彩色谷歌影像，借助 DBSI 图像的直方图信息，通过像元值的比较和多次阈值选取实验，最终确定 DBSI 阈值为 0.1，也就是说，DBSI 值低于 0.1 的像元被认为是不透水面，将这部分像元从土壤盖度影像（Ⅰ）（Soil_I）中提取出来，其盖度值被归为不透水面盖度 [不透水面盖度（Ⅰ）（IS_I）]。计算公式如下：

$$\text{IS}_I = \text{Soil}_I, \text{ if DBSI} < 0.1 \tag{3-13}$$

2）将 LSMA 结果中高反照率盖度图像和低反照率盖度图像相叠加，得到原始不透水面盖度图像，然后与步骤 1）中提取的不透水面盖度（Ⅰ）进行相加，得到不透水面盖度（Ⅱ）。计算公式如下：

$$IS_{II} = IS_I + \text{High albedo} + \text{Low albedo} \tag{3-14}$$

式中，High albedo 表示高反照率盖度，Low albedo 表示低反照率盖率。

　　3）从步骤 2）中的不透水面盖度（Ⅱ）结果中剔除被错分的植被和土壤盖度。在不透水面盖度（Ⅱ）图像中，存在许多被错分的像元。例如，植被盖度被错分为不透水面盖度，土壤盖度被错分为不透水面盖度。在实验中发现，DBSI 对不透水面也有较高的敏感度，多次实验证明，DBSI 值高于 0.2 的像元不属于不透水面，因此，可以将 0.2 作为 DBSI 的阈值，将不透水面盖度（Ⅱ）中的不透水面与非不透水面区分开来，剔除不透水面盖度中的植被和土壤盖度，获取最终的不透水面盖度。最后，采用 NDVI 识别不透水面盖度（Ⅱ）图像中被错分的植被盖度并且归为植被盖度（Ⅱ），采用 DBSI 识别不透水面盖度（Ⅱ）图像中被错分的土壤盖度并且归为土壤盖度（Ⅲ）。基于多次阈值实验结果，遥感影像的 NDVI 阈值选择 0.4。计算公式如下：

$$\begin{cases} IS = IS_{II} - \text{Vegetation}_{II} - \text{Soil}_{III} \\ \text{Vegetation}_{II} = IS_{II}, \text{ if DBSI} < 0.2 \text{ and NDVI} > 0.4 \\ \text{Soil}_{III} = IS_{II}, \text{ if DBSI} > 0.2 \text{ and NDVI} < 0.4 \end{cases} \tag{3-15}$$

式中，IS 表示不透水面盖度，IS_{II} 表示不透水面盖度（Ⅱ），Vegetation_{II} 表示不透水面盖度（Ⅱ）图像中被错分的植被盖度，Soil_{III} 表示不透水面盖度（Ⅲ）图像中被错分的土壤盖度。

　　在阈值选取过程中，以上公式说明，在 DBSI 阈值确定的情况下，NDVI 阈值越大，表明从不透水面盖度（Ⅱ）中剔除的植被像元就越少，相应地，这些像元会被认为是不透水面，那么不透水面盖度也会偏高。基于此，调整 NDVI 与 DBSI 的阈值，使不透水面盖度与实际情况一致，去除植被盖度和土壤盖度噪声，从而提高不透水面盖度提取的精度。

3.2.2.3　精度评价

　　为了验证本节提出的优化的 LSMA 方法的有效性，分别采用传统的 LSMA 和

Li[42]提出的 LSMA 方法提取研究区不透水面盖度。此外,采用经过几何校正后的同时相高分遥感影像作为不透水面提取精度的验证影像。随机选取 250 个面积相同的样本区,每个样本区面积为 230 400 m^2(图 3-14)。对每一个样本区的高分遥感影像进行人工解译,矢量化不透水面,同时进行实地验证,并计算每个样本区内不透水面的面积比例。

图 3-14　研究区域 250 个样本的空间分布

采用 RMSE、平均绝对误差(Mean Absolute Error,MAE)和系统误差(Systematic Error,SE)对不同 LSMA 方法提取的不透水面盖度进行精度验证,计算公式如下:

$$RMSE = \sqrt{\frac{\sum_{i=1}^{N}\left(X_i - \hat{x}_i\right)^2}{N}} \tag{3-16}$$

$$MAE = \frac{\sum_{i=1}^{N}|X_i - \hat{x}_i|}{N} \tag{3-17}$$

$$SE = \frac{\sum_{i=1}^{N}(X_i - \hat{x}_i)}{N} \tag{3-18}$$

式中，X_i 是表示通过矢量化得到的每个样本区的不透水面盖度；$\hat{x}_i$ 表示利用不同 LSMA 方法提取的不透水面盖度；N 表示样本区的数目。

3.2.3 端元选取优化结果与分析

3.2.3.1 土壤指数选择

在诸多土壤相关指数中，本节将 DBSI 作为识别土壤的有效指数，然而，有研究提出归一化差异土壤指数比值[①]（Ratio Normalized Difference Soil Index，RNDSI）在识别土壤方面有较高的优越性[42,43]，其计算公式如下：

$$RNDSI = \frac{NNDSI}{NTC1} \tag{3-19}$$

$$NNDSI = \frac{NDSI - NDSI_{min}}{NDSI_{max} - NDSI_{min}} \tag{3-20}$$

$$NDSI = \frac{B_{SWIR1} - B_{GREEN}}{B_{SWIR1} + B_{GREEN}} \tag{3-21}$$

$$NTC1 = \frac{TC1 - TC1_{min}}{TC1_{max} - TC1_{min}} \tag{3-22}$$

---

① 与前文第 3.1.2 节"归一化裸土指数"不一致，是改进后的归一化裸土指数。

式中，NNDSI 是重归一化土壤指数（normalized-normalized difference soil index）；NDSI 是归一化土壤指数（normalized difference soil index）；B_{SWIR_1} 是遥感影像的中红外波段，对应 Landsat 8 OLI 影像的第 6 波段；B_{GREEN} 是遥感影像的绿色波段，对应 Landsat 8 OLI 影像的第 3 波段；NTC1 是 TC 变换中第一分量 TC1 的归一化结果，$TC1_{min}$、$TC1_{max}$ 分别表示 TC1 的最小值和最大值。

相关研究指出 DBSI 与 RNDSI 指数都可以较好识别土壤信息，然而这些指数具有局地适应性，并不能应用于所有区域。为了说明 DBSI 与 RNDSI 这两个指数的差异，识别对研究区域更有效的土壤识别指数，本节将二者进行比较，分别计算研究区 RNDSI 和 DBSI 指数（图 3-15）。

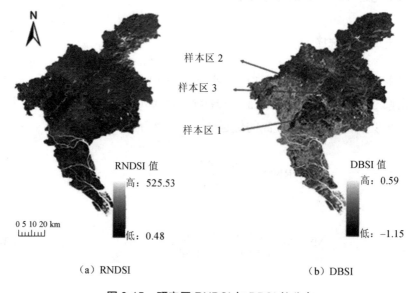

（a）RNDSI　　　　　　　　　　　　　（b）DBSI

图 3-15　研究区 RNDSI 与 DBSI 的分布

通过统计和可视化分析，土壤像元 DBSI 值最高，其次为不透水面像元 DBSI 值，植被像元 DBSI 值显示为最小。在 DBSI 分布图像中，植被覆盖区域与土壤、不透水面覆盖区域界限清晰。然而，在 RNDSI 分布图像中，植被像元值最高，不透水面像元值次之，土壤像元值再次之。由于土壤与不透水面的光谱特征相似，反照率高，LSMA 模型求解的过程中会混淆土壤与不透水面的结果。而在 DBSI 分布图像中，基于光谱差异，不透水面与土壤能被较好地区分。经过统计分析，

DBSI 图像中不透水面与土壤的差异大于 RNDSI 图像。因此，选择 DBSI 区分土壤和不透水面。

为了进一步显示 DBSI 与 RNDSI 之间的差异，在研究区域内，选择 3 个土壤比较明显的样本区域进行对比（图 3-15），获得 3 个样本区的 RNDSI 与 DBSI 的对比结果（图 3-16）。从图 3-16 可以看出，样本区 1 内有土壤和植被，土壤的 DBSI 值高于植被，而土壤的 RNDSI 值低于植被。在 RNDSI 图像中，较小的土壤区域与植被区域无法区分。在样本区 2 和样本区 3 中，土壤和不透水面的 DBSI 值高于植被，植被更容易与 LSMA 的结果分离。土壤的 DBSI 值高于不透水面，从细节上可以明显看出土壤与不透水面之间 DBSI 值的差异。

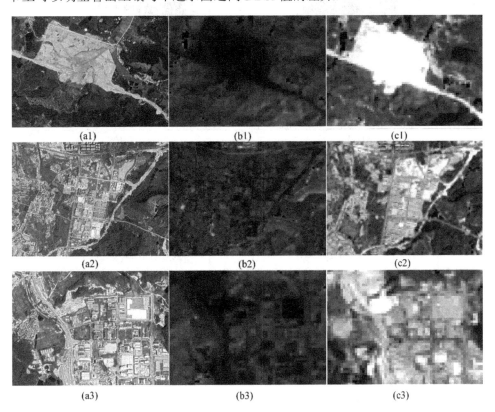

图 3-16 研究区不同样本区的 RNDSI 与 DBSI 分布

注：a1～a3：谷歌影像；b1～b3：RNDSI；c1～c3：DBSI。

总的来说，DBSI 比 RNDSI 更能区分研究区域的植被、土壤与不透水面。

3.2.3.2　端元选择

感兴趣区域中的像元在 ENVI 软件的二维可视化窗口中有规律地分布，这种规律性的根源在于不同光谱指数对特定地物的敏感性（图 3-17）。

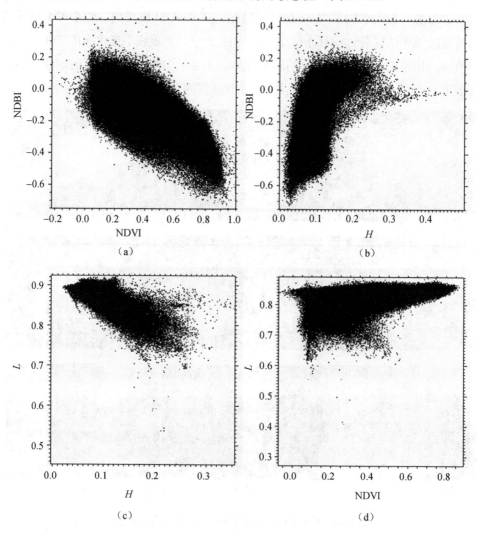

图 3-17　端元选取散点

图 3-17（a）是 NDVI 与 NDBI 的二维散点图，在横坐标（NDVI）值较小的区域，纵坐标（NDBI）值较大，这部分像元在遥感影像上表现为覆盖度较高的不透水面，而在横坐标值较大的区域，纵坐标值较小，这部分像元在遥感影像上表现为覆盖度较高的植被，因为 NDBI 对建筑物等不透水面区域较为敏感，而 NDVI 对植被较为敏感，二者相比较，在散点图中选择这两个区域内顶端的像元，分别代表不透水面和植被。

图 3-17（b）是第一分量（H）与 NDBI 的二维散点图，由于二者对建筑物等反照率较高的不透水面都比较敏感，所以在横坐标（H）值和纵坐标（NDBI）值都比较大的区域选择像元，代表反照率较高的不透水面。

图 3-17（c）是第一分量（H）与第三分量（L）的二维散点图，在横坐标（H）值较小的区域，纵坐标（L）值较大，这部分像元在遥感影像上表现为覆盖度较高的高反照率不透水面，而在横坐标值较大的区域，纵坐标值较小，这部分像元在遥感影像上表现为覆盖度较高的低反照率不透水面，因为第一分量对反照率较高的不透水面较为敏感，而第三分量对反照率较低的不透水面较为敏感，二者相比较，在散点图中选择这两个区域内顶端的像元，分别代表高反照率不透水面和低反照率不透水面。

图 3-17（d）是 NDVI 与第三分量（L）的二维散点图，在横坐标（NDVI）值较小的区域，纵坐标（L）值较大，这部分像元在遥感影像上表现为覆盖度较高的低反照率不透水面，而在横坐标值较大的区域，纵坐标值较小，这部分像元在遥感影像上表现为覆盖度较高的植被，因为第三分量对反照率较低的不透水面较为敏感，而 NDVI 对植被较为敏感，二者相比较，在散点图中选择这两个区域内顶端的像元，分别代表低反照率不透水面和植被。

此外，在 NDVI 与 DBSI 的二维散点图中，横坐标（NDVI）值较小的区域，纵坐标（DBSI）值较大，这部分像元在遥感影像上表现为覆盖度较高的土壤，而在横坐标值较大的区域，纵坐标值较小，这部分像元在遥感影像上表现为覆盖度较高的植被，因为 DBSI 对土壤区域较为敏感，而 NDVI 对植被较为敏感，二者相比较，在散点图中选择这两个区域内顶端的像元，分别代表土壤和植被。在第一分量与 NDVI 的二维散点图中，在横坐标（H）值较大的区域，纵坐标（NDVI）值较小，这部分像元在遥感影像上表现为覆盖度较高的高反照率不透水面，而在横坐标值较小的区域，纵坐标值较大，这部分像元在遥感影像上表现为覆盖度较高的植被，因为第一分量对反照率较高的不透水面区域较为敏感，而 NDVI 对植被较为敏感，二者相比较，在散点图中选择这两个区域内顶端的像元，分别代表高反照率不透水面和植被。

通过以上分析，选择植被、土壤、高反照率不透水面与低反照率不透水面端元的纯净像元，输出它们在各波段上的反照率。基于标准地物波谱和相关研究，经过多次筛选，得到混合像元中各类地物端元的最优光谱信息。植被、土壤、高反照率不透水面与低反照率不透水面端元纯净像元光谱信息如图 3-18 所示。为了检验本节提出的端元选择优化方案的有效性，将 Li 提出的端元选择方法以及传统端元选择方法（MNF 变换和 PPI 阈值选择法）进行比较，这些方法提取的植被、土壤、高反照率与低反照率端元纯净像元光谱信息如图 3-18 所示。

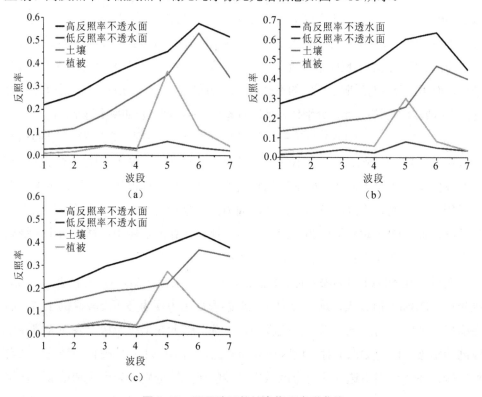

图 3-18　不同端元的纯净像元光谱曲线

注：（a）本节采用的端元选择方法（NDVI、NDBI、DBSI 和 H、L）；（b）Li 提出的端元选择方法（NDVI、NDBI、RNDSI、第一分量、第三分量）；（c）传统的端元选择方法（MNF 变换和 PPI 阈值选择法）。

在端元选择的过程中发现，裸土像元的 NDBI 值低于 DBSI 值，但对于不透水面，像元的 NDBI 值接近 DBSI 值。在植被覆盖度较高的区域，像元的 NDVI 值高于其他指数，土壤覆盖度较高的区域像元的 DBSI 值高于其他指数；第一分量和第三分量对不透水面比较敏感。通过 ENVI 软件的二维可视化窗口，选取植被、土壤、高反照率不透水面和低反照率不透水面的纯净像元，生成 LSMA 所需的端元光谱曲线。图 3-18（b）为使用 Li 的方法选择的纯净像元的光谱曲线，图上显示在第 5、第 6 波段植被和土壤的光谱反照率被低估，高反照率不透水面的光谱反照率被高估。图 3-18（c）显示了经过 MNF 变换和 PPI 计算选择的纯净像元的光谱曲线。通过比较可以得出，本节采用的端元选择方法所选取的纯净像元的光谱信息更接近实际的光谱曲线。

3.2.4　不透水面盖度提取结果

由通过不同方法提取的不透水面盖度影像（图 3-19）的比较可以看出，本节提出的优化的 LSMA 方法提取的不透水面盖度精度最好。在自然透水区域，如森林、农田等，传统的 LSMA 方法和 Li 提出的方法会高估不透水面盖度，即在大面积森林覆盖区域，不透水面盖度明显较高；然而，在城市中心区不透水面聚集的地方，传统的 LSMA 方法和 Li 提出的方法会低估不透水面盖度。此外，传统的 LSMA 方法和 Li 提出的方法不能较好地提取森林覆盖区域的道路 [图 3-19（b）和图 3-19（c）]。

（a）本书采用的方法　　　　（b）Li 提出的不透水面提取方法　　　　（c）传统 LSMA 方法

图 3-19　不透水面盖度提取结果分布

精度评价结果如表 3-3 和图 3-20 所示。从表 3-3 可以看出，本节提出的优化的 LSMA 方法提取的不透水面的精度明显高于传统的 LSMA 方法和 Li 提出的 LSMA 方法提取的不透水面。从表 3-3 和图 3-20 可以看出，本节提出的优化的 LSMA 方法提取的不透水面盖度与地面参考不透水面盖度之间的 R^2 达到了 0.910，远高于传统的 LSMA 方法和 Li 提出的 LSMA 方法，精度比传统 LSMA 的方法提高 20.5%，比 Li 提出的 LSMA 方法提高 19.1%。而且本节提出的优化的 LSMA 方法提取不透水面的系统误差仅为 0.002，小于传统的 LSMA 方法和 Li 提出的 LSMA 方法提取的不透水面的系统误差，说明该方法提取的不透水面的误差很小，与地面参考不透水面基本一致。此外，本节提出的优化的 LSMA 方法提取不透水面盖度的平均绝对误差比传统 LSMA 方法提取不透水面盖度的平均绝对误差低 57.2%，比 Li 提出的 LSMA 方法提取不透水面盖度的平均绝对误差低 47.6%；均方根误差比传统的 LSMA 方法和 Li 提出的 LSMA 方法提取不透水面的均方根误差分别低 47.4%和 40.2%。

表 3-3   误差统计结果

方法	SE	MAE	RMSE	R^2
本节提出的优化 LSMA 方法	0.002	0.065	0.101	0.910
Li 提出的 LSMA 方法	−0.019	0.124	0.169	0.764
传统 LSMA 方法	−0.029	0.152	0.192	0.755

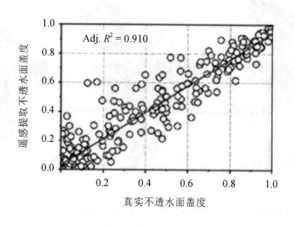

（a）本节提出的优化 LSMA 方法

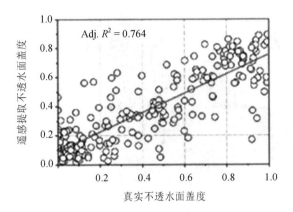

（b）Li 提出的 LSMA 方法

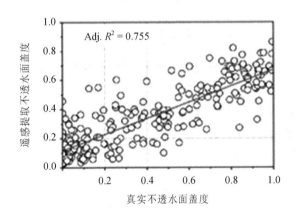

（c）传统 LSMA 方法

图 3-20 精度评价结果

为了进一步比较不同 LSMA 方法提取不透水面的精度，在研究区域内，选择 3 个样本区进行细节分析（图 3-21）。

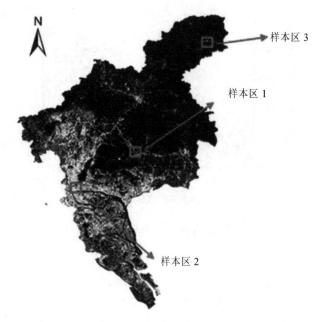

图 3-21　城市不透水面遥感提取细节样本区分布

为了进一步说明本节提出的优化的 LSMA 方法的优越性，本书选取了面积较小的区域进行细节展示（图 3-22）。

根据高分影像的对比分析，本节提出的优化的 LSMA 方法优于其他方法，在土壤和植被等透水区域，本节提出的优化的 LSMA 方法明显缓解了不透水面盖度被高估的问题，还有效地缓解了城市地区不透水面盖度被低估的问题。同时，本节提出的优化的 LSMA 方法较好地确保了 LSMA 结果中土壤和不透水面（如道路和建筑物）的完整性。

在样本区 1 中，由于植被、土壤和不透水面相互交错分布，本节提出的优化的 LSMA 方法可以更好地估计不透水面盖度，如道路和建筑，同时在透水区域，如森林、农田和裸露的土壤分布区域，可以剔除错分的不透水面盖度，从而防止不透水面盖度在透水区域被高估。此外，在真实不透水面区域将不透水面盖度提高，减轻了不透水面由于光谱曲线误差导致的被低估的现象。

在样本区 2 中，在一些建筑密度较高的城市区域，传统的 LSMA 方法和 Li 提出的 LSMA 方法提取的不透水面盖度比实际的不透水面盖度要低，存在低估的问题，而本节所采取的方法所提取的城市不透水面盖度在样本区 2 中大多接近 1，大大减少了不透水面被低估的现象。在样本区 3 中，由于部分波段的低反照率不透水面和植被的光谱特征相似，传统的 LSMA 方法和 Li 提出的 LSMA 方法提取的不透水面盖度较高，本节提出的优化的 LSMA 方法消除了这些区域的不透水面盖度的错估。

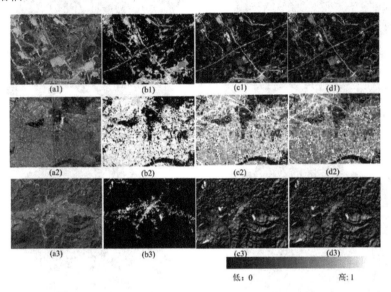

图 3-22　不同样本区不透水面细节展示

注：a1~a3：高分遥感影像；b1~b3：本节提出的优化的 LSMA 方法提取的不透水面盖度图；c1~c3：Li 提出的 LSMA 方法提取的不透水面盖度图；d1~d3：传统的 LSMA 方法提取的不透水面盖度图。

3.3　不透水面长时间序列提取与分析

3.3.1　时序不透水面时空动态分析

结合无云的 Landsat 5 TM、Landsat 8 OLI 遥感影像，采用优化的 LSMA 不透水面提取方法（MLSMA）提取广州市主城区 6 个时相的不透水面盖度（1988 年 11 月 24 日、1994 年 10 月 24 日、2001 年 12 月 30 日、2004 年 10 月 19 日、2009

年 11 月 2 日和 2015 年 10 月 18 日）。图 3-23 显示了 28 年内广州市主城区不透水面面积随着时间显著增加，表明广州市主城区城市发展空间大大扩张。

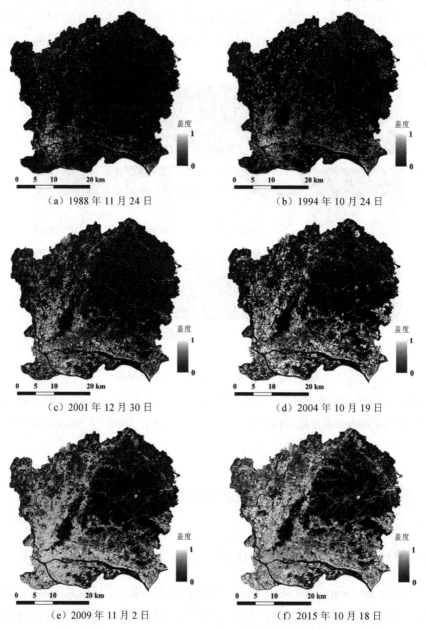

（a）1988 年 11 月 24 日　　　　　　（b）1994 年 10 月 24 日

（c）2001 年 12 月 30 日　　　　　　（d）2004 年 10 月 19 日

（e）2009 年 11 月 2 日　　　　　　（f）2015 年 10 月 18 日

图 3-23　利用 MLSMA 方法提取研究区不同时相的不透水面盖度

从图 3-23 可以看出，1988—2015 年的 28 年，广州市主城区发生了很大的变化，不透水面面积增加较多。各区不透水面面积整体上随着时间增加（图 3-24）。1988 年，不透水面主要集中在荔湾区北部、越秀区和海珠区东部；白云区和天河区不透水面比较少，分布比较分散；黄埔区不透水面主要集中在南部。从图 3-24 也可以看出，到了 1994 年，各区的不透水面增加较多。相比 1988 年，1994 年荔湾区、越秀区和海珠区的不透水面增加较多，分别增加了 4.8 km^2、3.0 km^2 和 6.5 km^2，在空间上显得更密集。白云区和黄埔区不透水面面积增加最多，分别达到了 29.9 km^2 和 28.9 km^2。与 1994 年相比，2001 年各区不透水面面积继续增加，增加速度相比前一个时间段加快。白云区、海珠区和天河区不透水面面积分别增加了 56 km^2、17.1 km^2 和 15.1 km^2。越秀区不透水面面积增加最小，只有 1.4 km^2。2004 年，荔湾区、越秀区、海珠区不透水面面积分别为 27.4 km^2、14.4 km^2 和 39.2 km^2，而不透水面面积最大的是白云区，达到了 122.7 km^2。2009 年不透水面基本上全覆盖到荔湾区、越秀区和海珠区，对于白云区和天河区，除了森林覆盖的区域，这两个区大部分区域也都包含不透水面。到了 2015 年，除了森林覆盖的区域，研究区的大部分区域都存在不透水面，特别是荔湾区、越秀区和海珠区。因此，与 2009 年相比，2015 年荔湾区和海珠区的不透水面面积增加较少，分别增加 1.8 km^2 和 1.7 km^2；越秀区不透水面面积还出现负增加的情况，不透水面面积减少 1.4 km^2；这可能与不透水面提取的精度以及植被生长状况有关。因为 2009 年前后城市建设时增加了许多绿化带，经过几年的生长，小树苗可能长成大树。在 2009 年的 Landsat 影像中，由于植被比较小，像元可能被识别为不透水面，而到了 2015 年，植被长大了，像元很有可能被识别为植被。在利用遥感影像波谱信息进行混合像元解混时，会容易把不透水面盖度计算成植被盖度。

图 3-25 显示的是广州市主城区 1988—2015 年不透水面面积的统计情况，可以看出，研究区不透水面面积整体上逐年增加，呈直线上升趋势。2004 年，研究区不透水面面积增加速度有所减缓。这可能是因为 2004 年与 2001 年的时间间隔较短。1988—2015 年，研究区不透水面面积从 70.3 km^2 增加到 580.5 km^2，增加了 725.7%。

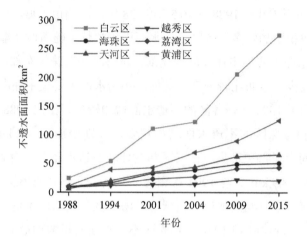

图 3-24 各区不透水面面积的时间序列比较

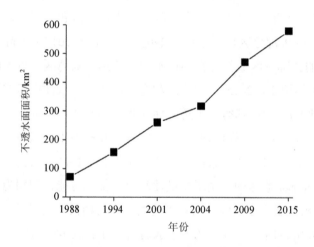

图 3-25 整个研究区不透水面面积的时间序列比较

图 3-26 显示了各街道/镇不同时期的不透水面面积空间分布。1988 年研究区不透水面面积最大的是白云区的人和镇，为 5.12 km²，最小的是荔湾区的沙面街道。1994 年，不透水面面积最大的是白云区的钟落潭镇，为 11.25 km²。随着时间的推移，街道/镇的不透水面面积整体上不断增加。在 2015 年，各街道/镇不透水面面积最大值达到了 47.89 km²，为白云区的江高镇；不透水面面积最小的也有

0.21 km^2，为荔湾区的沙面街道。

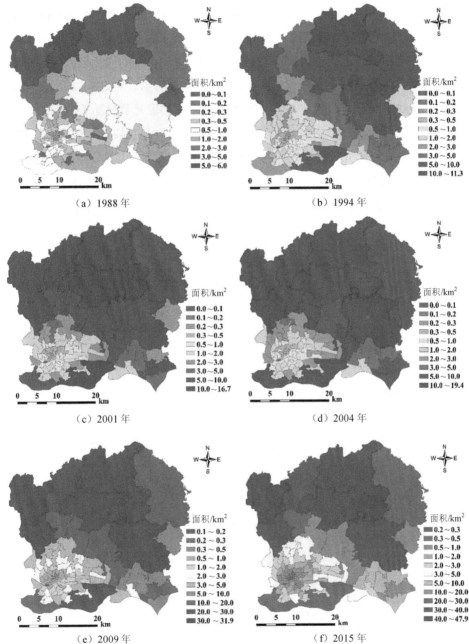

（a）1988 年　　（b）1994 年

（c）2001 年　　（d）2004 年

（e）2009 年　　（f）2015 年

图 3-26　各街道或镇不透水面面积的时空分布

为了进一步探究城市土地利用的时空格局，根据不透水面盖度大小将像元划分为 4 类：不透水面盖度小于 20%的像元划分为透水面类型，不透水面盖度为20%～50%的像元划分为低密度不透水面类型，不透水面盖度为 50%～80%的像元划分为中密度不透水面类型，不透水面盖度为 80%～100%的像元划分为高密度不透水面类型。不透水面盖度分类如图 3-27 和图 3-28 所示。从图 3-27 和图 3-28 可以看出，1988—2015 年，高密度和中密度不透水面的像元数量随着时间的增长而增加，不透水面盖度小于 20%的像元数量在这段时间内明显减少。低密度不透水面的像元数量只占研究区总像元数的一小部分。结果表明，大部分低密度不透水面的像元被转化为中密度和高密度不透水面的像元。这是由于在快速城市化的过程中，包括森林、绿地、裸地、湿地在内的大量城市透水表面已经转变为不透水面。

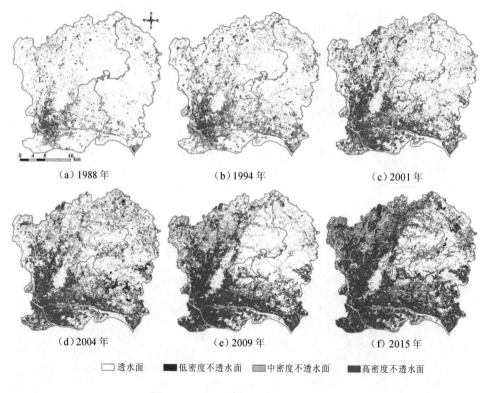

（a）1988 年   （b）1994 年   （c）2001 年

（d）2004 年   （e）2009 年   （f）2015 年

□透水面   ■低密度不透水面   □中密度不透水面   ■高密度不透水面

图 3-27   不同时期不透水面的分类

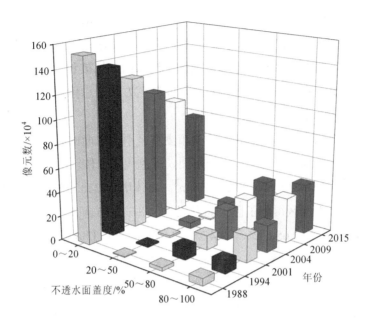

图 3-28　不同不透水面盖度类别的像元数量

1988 年，高密度不透水面像元主要集中在荔湾区、越秀区和海珠区交界的区域 [图 3-27（a）]，中密度不透水面像元主要分布在白云区西北部。1988—1994 年，中密度不透水面的像元数目显著增加，主要分布在天河区和黄埔区。随着城市发展的加剧和城市的扩张，1994—2001 年，中密度不透水面、低密度不透水面和透水面的像元逐步转变为高密度不透水面像元，导致高密度不透水面像元大幅增加。2001—2004 年，中密度不透水面和低密度不透水面像元数量显著增加（图 3-30），主要集中在天河区、白云区、黄埔区。2004—2015 年，除森林像元外，大部分透水面像元都转变为中密度不透水面和高密度不透水面像元，覆盖了整个区域。然而，在图 3-27（e）和图 3-27（f）中可以看到一个令人惊讶的现象，2015 年，荔湾区、越秀区、海珠区、天河区的高密度不透水面的像元明显减少，而中密度不透水面像元明显增加。这说明一些高密度不透水面像元变成中密度不透水面像元。即高密度不透水面像元的不透水面盖度降低到 50%～80%。从图 3-27（b）还可以看出，越秀区 2015 年的不透水面面积小于 2009 年的不透水面面积，这可能是由于不透水面（如道路）被茂盛的树木覆盖造成的。生长茂盛的植被可能会改变像元的反照率，从而导致估算的不透水面盖度误差增加。

为了进一步分析过去 28 年广州市主城区不透水面的时空动态，采用 Jia 等[44]提出的不透水面制图方法，利用本节提取的不透水面、植被和土壤盖度绘制研究区不透水面分布图。实验表明，这种不透水面制图方法的总体精度高于 80%，即可以产生足够的精度来进行不透水面制图。

图 3-29 显示了 1988—2015 年广州市主城区不透水面的时空分布。在图 3-29中，灰色代表不透水面，白色代表透水面，深色代表水体。不透水面面积从 1988年的 70.3 km^2 增加到 2015 年的 580.5 km^2，总体增长 726.18%。这表明在过去的28 年里，广州市主城区得到了巨大的发展。1988—2015 年 5 个阶段的不透水面增长率分别为 123.62%、65.67%、34.47%、34.71%、23.11%，表明城市化速度呈现下降趋势（图 3-30）。1988 年，大部分不透水面聚集在荔湾区北部、越秀区西部和海珠区西北部，只有部分不透水面分散在天河区和白云区。1988—2001 年，不透水面聚集群主要出现在荔湾区北部、越秀区、海珠区、天河区南部、白云区。2004 年，不透水面大量增加的区域主要集中在白云区、天河区和黄埔区。2009年，不透水面集中在荔湾区、越秀区、海珠区交汇处，然后在东北、正东两个方向同时扩张。2015 年，不透水面几乎覆盖了整个区域，除了森林区域，这表明广州市主城区没有更多的土地可以被开发填埋。综上所述，荔湾区、越秀区、海珠区交界的区域是广州市不透水面扩张的起始中心，东北和正东方向是不透水面扩张的主导方向（图 3-31）。

3.3.2 不透水面加权平均中心时空分析

为了从不同尺度揭示广州市主城区过去 28 年城市不透水面的整体和局部演化轨迹以及城市扩展方向的时空变化特征，本节结合时间序列的不透水面盖度影像，计算了城市不透水面的加权平均中心。城市不透水面加权平均中心坐标计算公式如下：

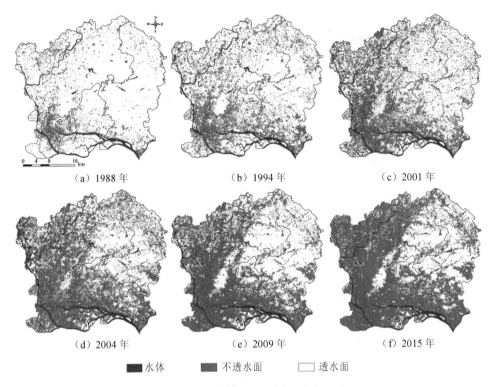

（a）1988 年　　　　　　　（b）1994 年　　　　　　　（c）2001 年

（d）2004 年　　　　　　　（e）2009 年　　　　　　　（f）2015 年

■ 水体　　　　■ 不透水面　　　　□ 透水面

图 3-29　不同时期的不透水面空间分布

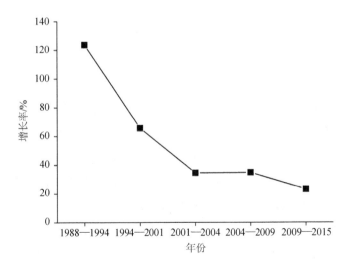

图 3-30　不透水面在不同阶段的增长率

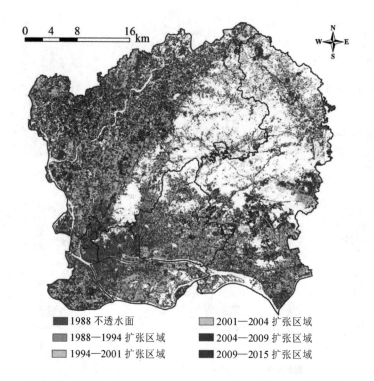

图 3-31 1988—2015 年广州市主城区不透水面时空扩展分布

$$
\begin{cases}
\overline{x} = \sum_{i=1}^{n} \mathrm{frac}_i x_i \Big/ \sum_{i=1}^{n} \mathrm{frac}_i \\[4mm]
\overline{y} = \sum_{i=1}^{n} \mathrm{frac}_i y_i \Big/ \sum_{i=1}^{n} \mathrm{frac}_i
\end{cases}
\tag{3-23}
$$

式中，$\overline{x}$ 和 $\overline{y}$ 分别表示不透水面加权平均中心的经度和纬度；x_i 和 y_i 分别表示不透水面盖度影像的第 i 个网格的经度和纬度；frac_i 表示不透水面盖度影像的第 i 个网格的不透水面盖度；n 表示不透水面盖度影像的网格数量。

为了区分不同尺度的城市扩展中心方向，利用 1988 年、1994 年、2001 年、2004 年、2009 年和 2015 年 6 个时相的不透水面盖度影像，分别在整体和局部尺度上计算广州市主城区的不透水面加权平均中心。图 3-32 与表 3-4 显示了广州市主城区整体尺度的不透水面加权平均中心及其移动轨迹。从图 3-32 与表 3-4 可以看出，在过去的 28 年间，研究区不透水面加权平均中心经纬度范围在 113.309°E～

113.338°E、23.180°N～23.207°N，与研究区的几何中心非常接近。此外，不透水
面加权平均中心经纬度的变化显示了加权平均中心随时间而变化。1988 年，不透
水面加权平均中心位于 113.309°E、23.180°N，1994 年，不透水面加权平均中心向
北偏东方向移动至 113.347°E、23.187°N，年平均移动距离为 790.310 m。1994—
2001 年，不透水面加权平均中心的移动距离减小了 1 600 m，并向西偏移。2001—
2004 年，不透水面加权平均中心的移动方向转为北偏东，年平均移动距离为
507.237 m。2004—2009 年，不透水面加权平均中心经历移动距离减少的过程。不透
水面加权平均中心的移动距离从 2004 年的 1 521.712 m 减小到 2009 年的 848.938 m，
年平均移动距离为 169.787 m。之后，不透水面加权平均中心继续向北偏东移动，
移动距离增加约 1 000 m。不透水面加权平均中心动力学反映了不透水表面的膨胀
方向和强度。总体上，研究区的不透水面随着时间向北扩张，这表明广州市主城
区主要向北扩张。

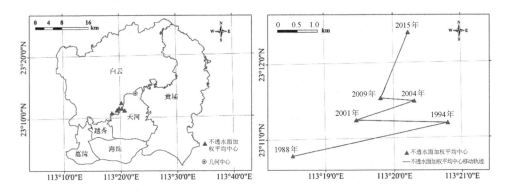

图 3-32　全局尺度的不透水面加权平均中心分布

表 3-4　过去 28 年间研究区不透水面加权平均中心的变化情况

	年份	经度/ (°)	纬度/ (°)	移动距离/m	移动方向	移动速度/ (m/a)
整个研究区	1988	113.309	23.180			
	1994	113.347	23.187	3 951.567	北偏东 79.825°	658.595
	2001	113.324	23.187	2 289.768	北偏西 87.522°	327.110
	2004	113.338	23.191	1 521.712	北偏东 73.996°	507.237
	2009	113.330	23.192	848.938	北偏西 85.056°	169.787
	2015	113.337	23.207	1 750.555	北偏东 25.647°	291.759

	年份	经度/（°）	纬度/（°）	移动距离/m	移动方向	移动速度/（m/a）
荔湾区	1988	113.232	23.116			
	1994	113.229	23.107	1 034.449	南偏西 21.625°	172.408
	2001	113.225	23.099	939.097	南偏西 27.728°	134.156
	2004	113.224	23.096	374.496	南偏西 21.865°	124.832
	2009	113.223	23.092	492.685	南偏西 1.579°	98.537
	2015	113.222	23.090	219.198	南偏西 31.968°	36.533
越秀区	1988	113.270	23.134			
	1994	113.272	23.135	191.427	北偏东 54.927°	31.905
	2001	113.271	23.137	238.597	北偏西 30.112°	34.085
	2004	113.273	23.135	280.152	南偏东 55.563°	93.384
	2009	113.274	23.136	140.817	北偏东 74.668°	28.163
	2015	113.274	23.136	22.543	北偏东 37.685°	3.757
海珠区	1988	113.284	23.092			
	1994	113.292	23.089	921.155	南偏东 68.324°	153.526
	2001	113.306	23.086	1 429.921	南偏东 76.334°	204.270
	2004	113.307	23.086	172.527	北偏东 81.485°	57.509
	2009	113.309	23.086	151.944	北偏东 83.419°	30.389
	2015	113.312	23.086	369.941	南偏东 81.332°	61.657
天河区	1988	113.347	23.143			
	1994	113.361	23.150	1 704.174	北偏东 61.727°	284.029
	2001	113.364	23.147	534.991	南偏东 42.304°	76.430
	2004	113.365	23.149	243.288	北偏东 26.627°	81.096
	2009	113.365	23.149	60.876	南偏西 86.718°	12.175
	2015	113.367	23.151	343.703	北偏东 49.628°	57.284
白云区	1988	113.276	23.280			
	1994	113.293	23.270	2 078.539	南偏东 59.331°	346.423
	2001	113.281	23.271	1 248.879	北偏西 86.301°	178.411
	2004	113.287	23.273	606.556	北偏东 72.646°	202.185
	2009	113.281	23.274	592.222	北偏西 77.254°	118.444
	2015	113.285	23.284	1 155.150	北偏东 22.917°	192.525
黄埔区	1988	113.493	23.143			
	1994	113.500	23.174	3 512.756	北偏东 13.458°	585.459
	2001	113.496	23.149	2 814.031	南偏西 9.406°	402.000
	2004	113.500	23.168	2 118.413	北偏东 10.804°	706.137
	2009	113.497	23.153	1 638.658	南偏西 11.635°	327.736
	2015	113.500	23.170	1 863.409	北偏东 11.700°	310.568

为了在局地尺度上进一步分析确定各区县的城市扩张方向，本节还计算了局地尺度的不透水面加权平均中心。28 年间，荔湾区不透水面加权平均中心经历了向南偏西方向的移动，且年平均移动距离逐渐减小，使得荔湾区不透水面整体向南扩张 [图 3-33（a）]。越秀区不透水面向东北方向扩张 [图 3-33（b）]。然而，不透水面加权平均中心 1994—2001 年向西偏北移动；2001—2004 年，不透水面加权平均中心的方向转为南偏东；随即不透水面加权平均中心方向又转变为北偏东。不透水面加权平均中心的移动距离约为 280 m，这可能是由于越秀区总面积比较小造成的（表 3-5）。1988—2001 年，海珠区的不透水面加权平均中心移动经历了一个加速的过程[图 3-33（c）]。1994—2001 年，不透水面加权平均中心的移动距离达到 1 429.92 m，年均移动速度为 204.27 m；经过加速过程后，不透水面加权平均中心的移动距离和移动速度迅速减小，2009—2015 年移动距离为 369.94 m，年均移动速度为 61.66 m，不透水面加权平均中心的移动方向改为东偏南（表 3-5）。不透水面加权平均中心的移动轨迹表明了海珠区不透水面整体上向东南方向扩张。1988—2009 年和 2009—2015 年，天河区不透水面加权平均中心移动距离与移动速度经历了下降和上升的过程 [图 3-33（d）]。1988—2009 年，不透水面加权平均中心移动距离减少过程中，移动速度减少了 22 倍以上；2009—2015 年，不透水面加权平均中心向北偏东移动，移动速度比 2009 年增加了约 4 倍（表 3-4）。尽管不透水面加权平均中心移动方向随时间变化，但不透水面加权平均中心的移动轨迹表明，东北方向是天河区不透水面扩张的主要方向。白云区不透水面加权平均中心的移动距离和移动速度也有相似的变化趋势 [图 3-33（e）]。然而，白云区不透水面加权平均中心的移动方向与天河区不同；1994—2015 年，在白云区，不透水面加权平均中心整体向北移动；相反，1988—1994 年，不透水面加权平均中心向东偏南移动。在黄埔区，不透水面加权平均中心移动距离在 1988—2015 年也经历了递减—递增趋势，移动距离较大，移动速度较快。但黄埔区不透水面加权平均中心的移动方向与其他区有明显差异。1988—2015 年，不透水面加权平均中心的移动方向不断变化。1988—1994 年，不透水面加权平均中心向北偏东移动；1994—2001 年，不透水面加权平均中心向南偏西移动；2001—2004 年，不透水面加权平均中心的移动方向与 1994—2001 年不透水面加权平均中心的移动方向是相反的；然而，2004—2009 年，不透水面加权平均中心的移动方向再次转向南偏西；之后，不透水面加权平均中心向北偏东

移动，与 1988—1994 年和 2001—2004 年不透水面加权平均中心的移动情况相同
［图 3-33（f）和表 3-4］。这可能与黄埔区不透水面的空间分布有关。黄埔区的不透
水面集群主要分布在黄埔区的南部和北部，黄埔区中部主要由森林覆盖。

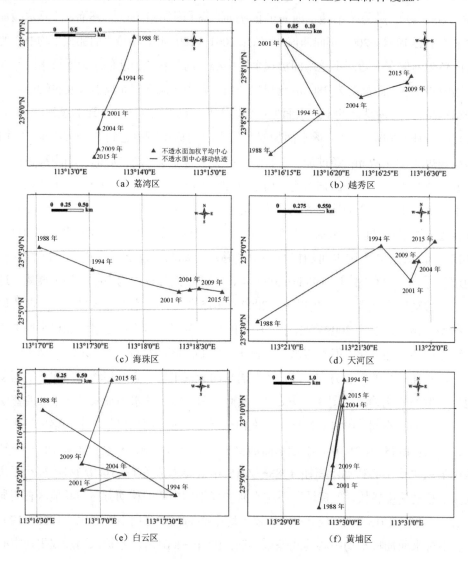

图 3-33　局地尺度的不透水面加权平均中心

3.3.3　不透水面的标准差椭圆时空分析

为了进一步探讨城市扩展的中心定位、方向以及时空发展趋势，本节结合时间序列的不透水面盖度影像，利用加权标准差椭圆方法分别计算加权标准差椭圆的 4 个主要参数，包括椭圆中心、长轴、短轴以及方位角。加权标准差椭圆的中心就是上一节计算的不透水面加权平均中心。加权标准差椭圆的方位角由以下公式计算：

$$\tan\theta = \frac{\left(\sum_{i=1}^{n}\omega_i^2 x_i^2 - \sum_{i=1}^{n}\omega_i^2 y_i^2\right) + \sqrt{\left(\sum_{i=1}^{n}\omega_i^2 x_i^2 - \sum_{i=1}^{n}\omega_i^2 y_i^2\right)^2 - 4\left(\sum_{i=1}^{n}\omega_i^2 x_i y_i\right)^2}}{2\sum_{i=1}^{n}\omega_i^2 x_i y_i} \tag{3-24}$$

$$\begin{cases} x_i = x_i - \bar{x} \\ y_i = y_i - \bar{y} \end{cases} \tag{3-25}$$

式中，θ 表示椭圆的方位角，表示在顺时针方向上正北方向与椭圆长轴之间的夹角；$\bar{x}_i$ 和 $\bar{y}_i$ 分别表示第 i 个网格中心坐标与不透水面加权平均中心坐标在 x、y 方向上的偏差；ω_i 表示权重，这里表示第 i 个网格的不透水面盖度；σ_x 和 σ_y 分别表示椭圆 x 和 y 方向的标准差，用以下公式计算：

$$\begin{cases} \sigma_x = \sqrt{\dfrac{\sum_{i=1}^{n}\left(\omega_i x_i \cos\theta - \omega_i y_i \sin\theta\right)^2}{\sum_{i=1}^{n}\omega_i^2}} \\[4mm] \sigma_y = \sqrt{\dfrac{\sum_{i=1}^{n}\left(\omega_i x_i \sin\theta - \omega_i y_i \cos\theta\right)^2}{\sum_{i=1}^{n}\omega_i^2}} \end{cases} \tag{3-26}$$

椭圆的长轴、短轴和方位角分别表示城市不透水面分布的范围和方向。椭圆长轴与短轴的比值反映了不透水面的聚散程度。当比值大于 1 时，表明不透水面具有明显的方向效应。当比值为 1 时，表明不透水面没有方向特征。

对于基于时间序列的不透水面盖度影像，本节分别计算了整体和局地尺度下的时间序列加权标准差椭圆的相关参数，从而得到不同尺度的标准差椭圆。不同尺度的标准差椭圆参数在时序上的变化，可以表明研究区不透水面整体和局部的时空变化过程；标准差椭圆的方位角变化反映了整体和局部的不透水面在特定空间方向上的时空变化；长轴和短轴的变化反映了不透水面在特定空间方向上的聚集或分散。

图 3-34 显示了 1988—2015 年整个广州市主城区不透水面的标准差椭圆分布。从图 3-34 可以看出，在全局尺度上，不透水面扩张没有明显的方位和方向。1988—1994 年，方位角从 174.901°减小到 55.989°（表 3-5）；1994—2001 年，有一个明显的顺时针移动，方位角增加了 100°；2001—2004 年，方位角减小到 120.781°；2004—2015 年，方位角保持在 134°左右。

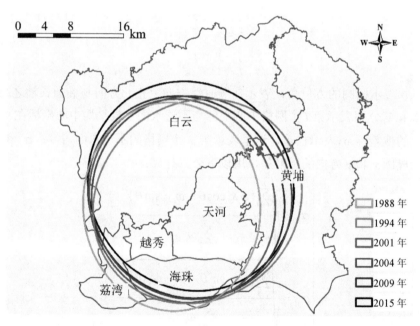

图 3-34   全局尺度不透水面的标准差椭圆

表 3-5 1988—2015 年不透水面标准差椭圆参数

	年份	长轴/m	短轴/m	旋转角度/（°）	长轴与短轴比值
整个研究区	1988	15 367.413	13 303.500	174.901	1.155
	1994	16 193.072	14 504.142	55.989	1.116
	2001	15 150.016	13 790.033	158.344	1.099
	2004	15 094.591	14 877.872	120.781	1.015
	2009	15 447.478	14 184.187	136.963	1.089
	2015	15 953.462	14 942.092	132.662	1.068
荔湾区	1988	3 548.600	1 749.517	179.805	2.028
	1994	4 286.673	2 152.478	5.788	1.992
	2001	4 653.970	2 414.246	6.225	1.928
	2004	4 695.868	2 490.563	7.477	1.885
	2009	4 742.889	2 596.173	6.849	1.827
	2015	4 679.858	2 700.207	6.886	1.733
越秀区	1988	3 038.194	2 021.138	115.145	1.503
	1994	3 041.530	2 065.022	114.473	1.473
	2001	3 197.352	2 047.290	117.695	1.562
	2004	3 207.194	1 996.576	116.474	1.606
	2009	3 136.571	1 962.565	113.872	1.598
	2015	3 166.689	1 980.649	114.497	1.599
海珠区	1988	4 964.588	2 191.815	95.055	2.265
	1994	5 171.366	2 331.059	96.700	2.218
	2001	5 555.691	2 356.268	90.458	2.358
	2004	5 603.668	2 386.973	90.686	2.348
	2009	5 672.019	2 400.403	90.769	2.363
	2015	5 774.846	2 417.830	90.183	2.388
天河区	1988	5 298.879	3 033.179	107.095	1.747
	1994	5 313.979	4 273.056	104.092	1.244
	2001	5 157.846	3 857.509	114.171	1.337
	2004	5 097.461	4 154.104	108.177	1.227
	2009	5 041.615	4 084.280	102.085	1.234
	2015	5 012.163	4 264.821	103.306	1.175

	年份	长轴/m	短轴/m	旋转角度/（°）	长轴与短轴比值
白云区	1988	12 950.189	6 989.212	28.600	1.853
	1994	14 431.892	7 242.737	40.475	1.993
	2001	12 583.137	7 168.401	33.104	1.755
	2004	12 521.105	7 429.544	39.861	1.685
	2009	12 085.975	7 496.229	40.792	1.612
	2015	12 342.195	7 714.378	46.394	1.600
黄埔区	1988	16 388.280	5 635.937	4.654	2.908
	1994	15 997.588	5 937.560	6.165	2.694
	2001	13 157.779	6 202.374	7.998	2.121
	2004	14 351.326	6 264.571	7.023	2.291
	2009	12 857.281	6 213.461	8.550	2.069
	2015	13 694.302	6 165.028	9.987	2.221

局地尺度的不透水面标准差椭圆与全局尺度的不透水面标准差椭圆具有显著的差异。从图 3-35 可以看出，不透水面在局地尺度上表现出明显的优先扩张方位和方向。1988—2015 年，荔湾区不透水面扩张的空间方向由北向西南转变，呈现出向南偏西逐渐扩大的趋势[图 3-35（a）]；1988 年标准差椭圆的方位角为 179.805°（表 3-5），表明不透水面呈南向分布；1988—1994 年，荔湾区不透水面标准差椭圆的方位角发生了一次显著的逆时针转动，方位角减小到 5.788°；1994—2015 年，方位角保持在 5.7°~7.5°；1988—2015 年，越秀区不透水面保持东北方向的扩张趋势[图 3-37（b）]。整个时期，不透水面标准差椭圆的方位角范围为 113.872°~117.695°（表 3-5）。天河区不透水面呈现出与越秀区相似的不透水面扩张趋势（图 3-36）。在海珠区，不透水面标准差椭圆的方位角 1988—1994 年保持在大约 96°；此后，方位角在 2001 年减小到约 90°，年平均角减小量约为 0.89°；其他时期具有类似的方位角，约为 90°。海珠区不透水面扩张的空间方向总体上是由西向东的 [图 3-35（c）和表 3-5]。除 1988 年外，白云区的不透水面在整个时期都由北向东扩展。在白云区，1988—1994 年，不透水面标准差椭圆的方位角由 28.600°变为 40.475°，增加的角度约为 12°；1994—2001 年，不透水面标准差椭圆的方位角逆时针减小 7.4°；2004—2009 年，不透水面标准差椭圆方位角保持在 40°左右；在 2015 年不透水面

标准差椭圆方位角增加到 46.394°[图 3-35（e）和表 3-5]。黄埔区不透水面标准差椭圆方位角逐渐增大，范围为 4.654°～9.987°。但不透水面标准差椭圆沿南北轴线上下移动，这说明黄埔区不透水面扩张的空间方向不明显[图 3-37（f）和表 3-5]。

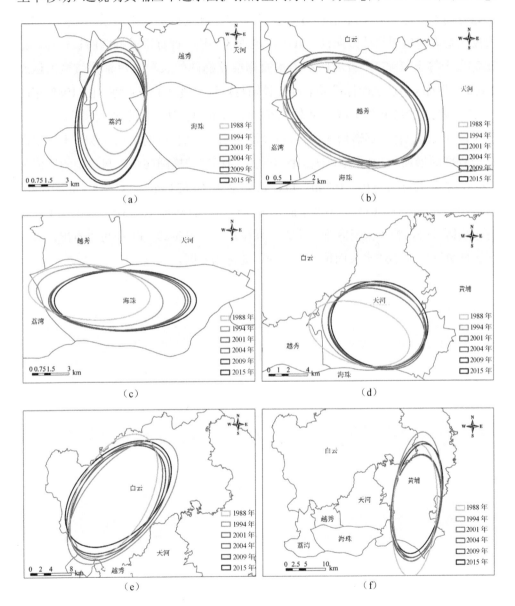

图 3-35　局地尺度的不透水面标准差椭圆分布

本节利用不透水面标准差椭圆的长轴、短轴及它们的比值来描述城市不透水面的集聚或分散程度。1988—2015 年，整个研究区不透水面标准差椭圆的长轴与短轴比值接近 1，即长轴长度与短轴长度接近。这说明不透水面在全局尺度上的扩张方向不确定。但除天河区和越秀区外，其他所有区县的不透水面扩张在局地尺度上均表现出明显的方向性。其中，越秀区不透水面标准差椭圆的长轴与短轴比值大于等于 1.473；黄埔区不透水面标准差椭圆的长轴与短轴比值最大达到 2.908；天河区不透水面标准差椭圆的长轴与短轴比值呈下降趋势，由 1988 年的 1.747 下降到 2015 年的 1.175。短轴长度总体上随时间增加，而长轴则相反。也就是说，短轴长度总体上逐渐增加，接近长轴长度。短轴长度的增加反映了不透水面分散程度的增加。2015 年，天河区不透水面标准差椭圆的长轴与短轴的比值为 1.175，长轴长度为 5 012.163 m，短轴长度为 4 264.821 m，这意味着标准差椭圆接近圆形，说明在 2015 年不透水面扩张没有明显的方向（表 3-5）。2015 年除森林覆盖区域外，整个天河区都有不透水面覆盖。从图 3-29（f）还可以看出，天河区大部分区域被不透水表面覆盖，天河区北部为林区。

4 基于深度学习的不透水面提取与分析

中空间分辨率的多光谱图像，如 Landsat 数据，因其覆盖的空间面积大、重复周期短等特点，在地理研究中得到了广泛的应用。然而，在中等空间分辨率的图像中，混合像元在一个像元中包含多个纯净土地覆盖类别是不可避免的。例如，Landsat TM（Thematic Mapper）影像的空间分辨率为 30 m，一个像素对应的地面面积为 900 m^2，比城市环境中许多单个土地覆盖类型的面积都要大。因此，仅将一个类别标签分配给混合像元是不合适的，会丢失其他类别信息。与传统的基于像元的分类方法相比，亚像元分解方法可以提供更为准确的结果。因为他们的目标是计算混合像元、亚像元模型中所有土地覆盖类别的比例或概率，例如，光谱混合分析[45]、概率模型[46,47]、几何光学模型[48,49]、随机几何模型[50,51]和模糊分析模型[52,53]等通常用于计算混合像元中的比例。

然而，对于中等空间分辨率图像的亚像元分解，采用深度学习技术的概率模型很少被研究[54]。Arun P 等[54]应用卷积神经网络来分解高光谱图像，结果表明，与基于编码器-解码器（Encoder-decoder）的方法相比，卷积神经网络（CNN）提高了亚像元映射精度，例如，卷积长短时记忆（Conv-LSTM）[55,56]、LinkNet[57]和 3D-CNN[58]。类似的研究可以在相关文献中找到[59-61]。Guo R 等使用自动编码器进行高光谱图像分解，该模型通过连接边缘去噪自编码器和非负稀疏自动编码器来解决混合问题[62]，测试实验表明，自动编码器级联模型能够在真实场景数据上获得良好的性能。Ma A 等提出了适用于高光谱遥感影像的多目标亚像元土地覆盖制图（MOSM）框架[63]，MOSM 解决了传统亚像元制图方法中的正则化参数确定问题，平滑了锯齿状边缘，同时能防止过度平滑。然而，上述方法忽略了深度信念网络（DBN）在亚像元分解中的讨论。

深度信念网络是一种优秀的深度学习（DL）技术，在计算机视觉和图像处理等方面表现优异[64,65]。它模拟人脑识别目标的过程，结合了监督分类和非监督分类的优点，可以准确地从抽象特征和不变特征中识别信息[65-67]。深度信念网络在图像分类[64]、目标识别[68,69]和超分辨重建[70]中得到了广泛应用。Lv Q 等应用深度信念网络模型结合极化合成孔径雷达（PolSAR）数据提取土地利用和土地覆盖信息[66]。与其他提取方法相比，如支持向量机[71]、CNN[72]和随机期望最大化（SEM）[73]，深度信念网络可以提供更准确的分类结果。Zhong 等[67]提出了一种改进的高光谱图像分类模型——多元化深度信念网络，改进后的深度信念网络模型优于原深度信念网络模型和其他深度学习模型。同样，Chen Y 等[74]、Ayhan B 和 Kwan C [75]，以及 Mughees A 和 Tao L [76]的研究也使用了深度信念网络模型对高光谱图像进行分类，场景分类是深度信念网络的另一个流行应用领域。Zou Q 等[77]在场景分类中使用深度信念网络模型做辅助特征选择，结果证明了该模型在特征选择中的有效性，Diao W 等[69]和 Sowmya V 等[78]的研究中也对此进行了讨论。然而，目前深度信念网络的研究都集中在高光谱、雷达数据和高空间分辨率数据上，很少涉及多光谱图像的应用。

　　总的来说，大多数深度信念网络应用集中在基于像元的高光谱图像分类和基于场景的高空间分辨率图像分类[79]上，将深度信念网络应用于中等空间分辨率多光谱图像的研究较少。深度信念网络与其他深度学习模型一样，既可以在可观测数据和标签上提供联合概率分布[65]，又可以作为一个模型来估计每个土地覆盖类别在混合像元中的概率。中空间分辨率的多光谱图像虽然具有相似的空间分辨率，但与高光谱图像相比，通道数要少得多。由于多光谱图像中提供的信息有限，这可能会对使用深度学习技术进行亚像元分解产生不同的影响。因此，研究深度信念网络与中空间分辨率多光谱图像（如 Landsat 5 TM）的亚像元解译性能具有重要意义。

4.1　研究区和数据源

4.1.1　研究区概况

　　本节所选的研究区位于美国威斯康星州密尔沃基县的郊区（图 4-1），该区域主要由不透水面（如人行道、屋顶、道路等）、植被（如草、树等）和少量土壤构成，这些土地覆盖类别非常适合测试深度信念网络在城市和郊区环境中的性能。

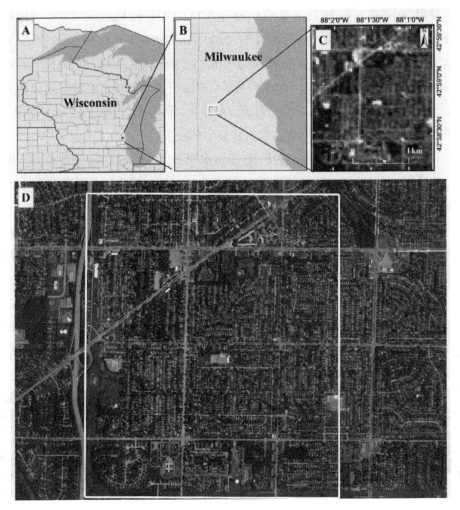

图 4-1　美国威斯康星州（Wisconsin）密尔沃基县（Milwaukee）的郊区

注：白色矩形内的区域是研究区。

4.1.2 数据及预处理

使用 2010 年 5 月 23 日获取的 Landsat 5 TM（Theme Mapper）影像进行亚像元分解。采用 AISA 图像（波长为 400～2500 nm，2008 年 8 月在美国威斯康星州密尔沃基县记录）场景，空间分辨率为 1 m，光谱分辨率为 6 nm，366 个通道用于训练样本采集。对 Landsat 5 TM 和 AISA 图像进行几何校正、辐射定标和大气校正等图像预处理，得到校正后的光谱反照率值。利用来自 Google Earth 图像（记录于 2010 年）的高空间分辨率图像来验证分解结果。

我们采用 Ridd M K[80]提出的植被-不透水面-土壤（V-ISA-S）模型作为土地覆盖分类类别。利用植被（V）、高反照率不透水面（ISAH）、低反照率不透水面（ISAL）和土壤（S）4 种土地覆盖类型进行亚像元分解。

训练样本是成功将深度学习技术应用于遥感分类的关键，纯净波段矢量被视为训练样本。但是，训练样本受中等空间分辨率图像的限制。从 Landsat 影像中只能收集少量训练样本，尤其是不透水面的样本，并不足以用于深度信念网络训练过程。因此，使用具有 1 m 空间分辨率的高光谱图像来协助训练样本收集（图 4-2），对收集的高光谱训练样本进行重新采样以匹配 Landsat 5 TM 图像的波长。植被、高反照率不透水面、低反照率不透水面和土壤的训练样本总数分别为 4 512 个、4 899 个、2 857 个和 5 000 个。

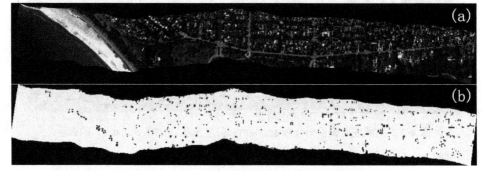

图 4-2 用于训练样本收集的高光谱图像

注：（a）原始的高光谱图像；（b）在高光谱图像中训练样本。

我们还在研究区中随机收集了 40 个测试样本，以评估其解译性能（图 4-3）。
每个样本为 3 像素×3 像素（90 m×90 m），以减轻几何配准的影响。

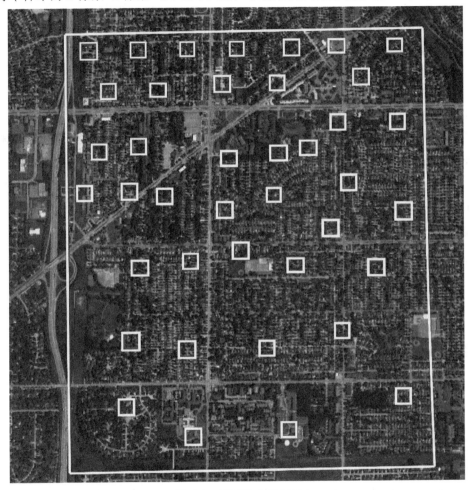

图 4-3 测试样本的分布

注：小的白色方块是研究区测试样本。

4.2　基于深度信念网络的亚像元分解原理

4.2.1　原理与方法

深度信念网络是一种概率生成模型，它提供了关于可观测数据和标签的联合概率分布[64]。它首先充分利用一种有效的逐层贪婪学习策略来初始化深层网络，然后结合期望输出对所有权重进行微调[65]。深度信念网络由层次化的受限玻尔兹曼机（RBM）集合构成[64,65]，每个受限玻尔兹曼机都有一个可见层和一个隐层，分别具有 I 个二进制可见单元（$v = \{v_1,\ v_2,\ \cdots,\ v_I\}$）和 J 个二进制隐藏单元（$h = \{h_1,\ h_2,\ \cdots,\ h_J\}$）。可见单元和隐藏单元（$v,\ h$）的联合构型的能量用式（4-1）计算[64,65]。

$$E(v,h\,|\,\theta) = -\sum_{i=1}^{I} a_i v_i - \sum_{j=1}^{J} b_j h_j - \sum_{i=1}^{I}\sum_{j=1}^{J} w_{ij} h_j v_i \tag{4-1}$$

其中，$\theta = \{w_{ij},\ a_i,\ b_j,\ i = 1,\ 2,\ \cdots,\ I;\ j = 1,\ 2,\ \cdots,\ J\}$ 形成模型参数集，受限玻尔兹曼机将隐藏单元上的联合概率定义为式（4-2）。

$$p(v,h\,|\,\theta) = \frac{\exp[-E(v,h\,|\,\theta)]}{Z(\theta)} \tag{4-2}$$

其中 Z 是配分函数，

$$Z(\theta) = \sum_{v}\sum_{h} \exp[-E(v,h\,|\,\theta)] \tag{4-3}$$

可以容易地计算条件分布 $p\,(hj=1|v)$ 和 $p\,(vi=1|h)$ [64]，前一个受限玻尔兹曼机的输出数据用作下一个受限玻尔兹曼机的输入数据。两个相邻的层之间有全套连接，而同一层中没有两个单元连接。输入值可以是一组光谱特征或来自相邻像元的上下文特征。

参数设置是深度学习技术的重要组成部分，为了找出最合适的参数，我们分别考察了不同的训练样本量、受限玻尔兹曼机层数、epoch 数、batch size 数（1 次迭代所使用的样本量）和学习率。

我们测试了从 5 到 5 000 的样本量，间隔分别为 5（样本量小于 100）和 50（样本量大于 100）。用波段反照率之和对光谱库中的光谱进行排序，然后，以相同的间隔从排序后的谱库中提取子样本。区间可用式（4-4）计算。

$$I = \frac{\text{tss}}{\text{ss}} \qquad (4\text{-}4)$$

式中，I 表示间隔，tss 和 ss 表示总样本量和子样本量。对于样本量小于训练样本量的类，我们使用它们来训练深度信念网络。

4.2.2 精度评价

采用高反照率不透水面和低反照率不透水面相结合的不透水面分数来验证解译结果的准确性。在高空间分辨率图像上的测试样本内手动数字化参考分数。在本章中，将深度信念网络、随机森林和支持向量机估计的概率近似为分数，直接使用平均绝对误差（MAE）和均方根误差（RMSE）将其与数字化分数进行比较，平均绝对误差和均方根误差可以用式（4-5）和式（4-6）计算出来。

$$\text{MAE} = \text{ABS}\frac{\sum_{i=1}^{M}(f_{e,i} - f_{r,i})}{M} \qquad (4\text{-}5)$$

$$\text{RMSE} = \sqrt{\frac{\sum_{i=1}^{M}(f_{e,i} - f_{r,i})^2}{M}} \qquad (4\text{-}6)$$

式中，$f_{e,i}$ 和 $f_{r,i}$ 分别是样本 i 的估计分数和参考分数；M 是样本数。

我们还采用多端元光谱混合分析[13]、随机森林（Random Forest，RF）和支持向量机来解译相同的研究区域。由于不同的模型对训练样本和参数的要求不同，我们选取每个模型的最佳性能进行比较。通过反复测试不同的参数，获得了每个模型的最佳性能，平均绝对误差最低的模型被认为是最佳模型。

4.3　基于深度信念网络的亚像元分解的结果与分析

4.3.1　基于深度信念网络的亚像元分解结果

4.3.1.1　样本量

我们对深度信念网络模型进行了 111 次测试，样本量（每个类）从 5 到 5 000 不等。测试实验使用相同的受限玻尔兹曼机层数、epoch 数、batch sizes 数和学习率，分别为 2（14，12）、150、50 和 0.1。从图 4-4 可以看出，平均绝对误差随样本量的增加而下降。当只有 5 个训练样本时，平均绝对误差达到 0.22；当样本量在 5～1 200 时，平均绝对误差的振动范围为 0.11～0.15；当样本量大于 1 200 时，平均绝对误差缓慢下降，接近 0.06。虽然 2 850 个样本量的平均绝对误差急剧增加，但在 2 900 个样本量时，平均绝对误差回落到一般水平。当样本量大于 3 000 时，平均绝对误差变得越来越稳定。

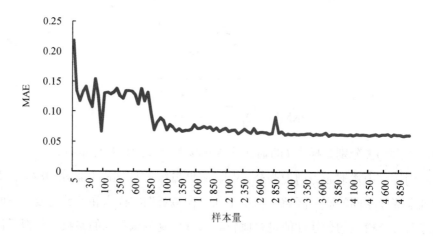

图 4-4　不同样本量的平均绝对误差

4.3.1.2　受限玻尔兹曼机层数

6 个不同数量（10，8，6，4，3，2）的受限玻尔兹曼机在样本量为 3 000 的情况下进行测试，其他初始参数与之前的实验相同。图 4-5 显示两个受限玻尔兹曼机层的深度信念网络模型执行得更好（平均绝对误差为 0.06；可见节点：14；隐藏节点：12）。平均绝对误差上升较快，当受限玻尔兹曼机层数为 3 时达到峰值 0.15；受限玻尔兹曼机层数在 3～10 时平均绝对误差值与 0.13 相近。

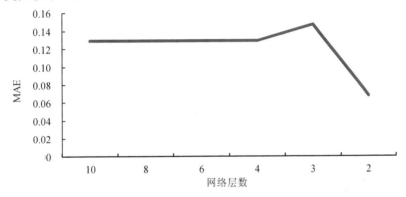

图 4-5　不同受限玻尔兹曼机层数的平均绝对误差

4.3.1.3　epoch 数

我们测试了从 50 到 1 000 的 epoch 数，间隔为 50，样本量为 3 000，受限玻尔兹曼机层数为 2，其他初始参数与之前的实验相同。平均绝对误差是相似的，仅在 0.06～0.07 变化（图 4-6），当 epoch 数从 50 增加到 1 000 时，趋势并不相同。

4.3.1.4　batch size 数

batch size 数在 50～1 450 进行测试，实验条件为 150 个 epoch，2 个受限玻尔兹曼机层，3 000 个训练样本，0.1 的学习率。结果表明，当 batch size 数在 50～200 时，平均绝对误差增长缓慢（0.06～0.07）（图 4-7）；然后，当 batch size 的范围在 200～300 时，平均绝对误差从 0.07 大幅提高到 0.13；当 batch size 从 300 增加到 1 450 时，平均绝对误差逐渐从 0.136 下降到 0.128。

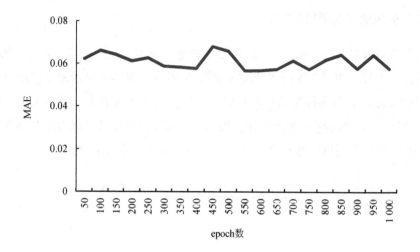

图 4-6　不同 epoch 数的平均绝对误差

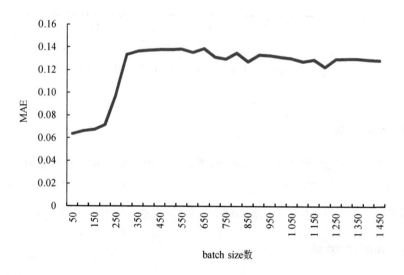

图 4-7　不同 batch size 数的平均绝对误差

4.3.1.5　学习率

我们还测试了样本量为 3 000、epoch 数为 50、batch size 数为 150、两层受限

玻尔兹曼机层数为 2、学习率范围为 0.1～2（间隔为 0.1）的情况。平均绝对误差
并没有随着学习率的增加而变化（图 4-8）。平均绝对误差在 0.146～0.060 时剧烈
波动，没有明显的变化趋势。平均绝对误差在学习率为 0.9 时达到峰值 0.15。其
他学习率的平均绝对误差从 0.06 到 0.10 不等，没有任何一致的模式。

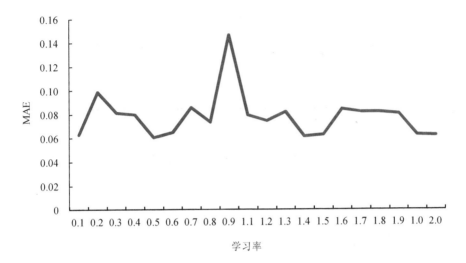

图 4-8　不同学习率的平均绝对误差

4.3.2　精度评价和对比分析

　　为了更客观地评价深度信念网络的性能，我们将深度信念网络与随机森林、
支持向量机和多端元光谱混合分析进行比较，分别使用了 3 000 个、100 个、5 个
和 10 个样本（每类）。采用直方图和散点图进行数值和直观的比较。平均绝对误
差和均方根误差直方图表明，最好的深度信念网络（平均绝对误差为 0.06，均方
根误差为 0.007 7）优于最好的随机森林（平均绝对误差为 0.08，均方根误差为
0.0114）和多端元光谱混合分析（平均绝对误差为 0.14，均方根误差为 0.022 2），
而支持向量机的准确率最高，平均绝对误差为 0.03，均方根误差为 0.002 3（图 4-9
和图 4-10）。

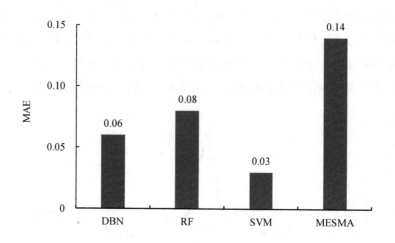

图 4-9　不同模型的平均绝对误差

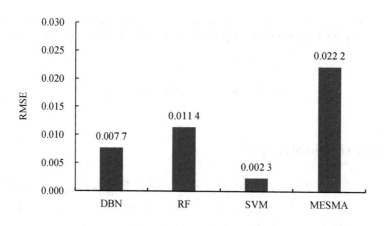

图 4-10　不同模型的均方根误差

　　此外，我们还对每种模型的时间消耗进行了比较。研究区中的总像素数为 6 192，具有 86 行和 72 列。我们使用 Dell Precision Tower 7920 工作站，CPU 为 Xeon Gold 5122（4 核，3.6 GHz），内存为 128 GB RDIMM，显卡为 NVIDIA Quadro P2000（5 GB）。结果表明（表 4-1），支持向量机可以在 1 s 内有效地预测结果。深度信念网络需要大约 5 min（310.89 s）才能完成计算，随机森林则需要 10 min 以上才能完成解译过程。由于多端元光谱混合分析模型中每个像素有 104+4×103+

6×102=1 028 个端元组合（每类 10 个光谱），计算效率很低，大约需要 25 天才能完成 6 192 像素的分数估计。

表 4-1 不同模型的耗时

	DBN	RF	SVM	MESMA
各类的样本数/个	3 000	100	5	10
训练时间/s	305.60	0.52	0.03	/
预测时间/s	5.29	637.60	0.33	$2.16×10^6$
总时间/s	310.89	638.12	0.36	$2.16×10^6$

估计概率和参考分数的散点图被用来证明每个测试样本的准确性。图4-11 中，参考线散点的中心，意味着高估和低估的百分比是相似的，而深度信念网络低估了高反照率不透水面分数测试样本，高估了低反照率不透水面分数样本；随机森林的散点图与深度信念网络类似（图 4-12）；支持向量机中的散点位置几乎都位于 $y=x$ 的参考线上，这意味着估计的概率和参考分数之间完全匹配（图 4-13）；多端元光谱混合分析中计算的所有分数都被低估了，所有散点都位于参考线的右侧（图 4-14）。

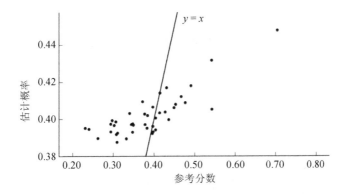

图 4-11 深度信念网络的平均绝对误差

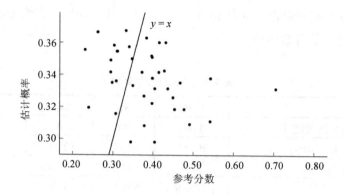

图 4-12　随机森林的平均绝对误差

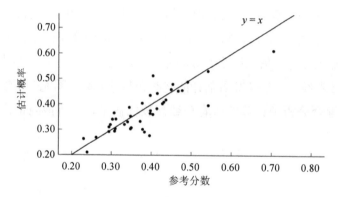

图 4-13　支持向量机的平均绝对误差

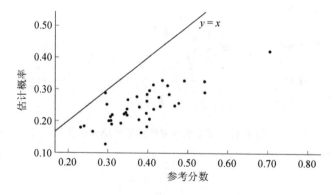

图 4-14　多端元光谱混合分析的平均绝对误差

除平均绝对误差、均方根误差和散点图外，我们还添加了深度信念网络、随机森林、支持向量机和多端元光谱混合分析之间的直观比较（图4-15）。图4-15说明随机森林和支持向量机可以在植被（深色形状）和低反照率不透水面（浅色形状）分数地图中表示不同的道路形状，而深度信念网络和多端元光谱混合分析在所有分数地图中表示道路形状的能力较差。在随机森林和多端元光谱混合分析的结果中，植被比例图显示了草原地区的高植被比例/可能性（图4-16）。与随机森林和多端元光谱混合分析相比，在深度信念网络和支持向量机的输出中，草地地区的植被比例/可能性相对较低。随机森林、支持向量机和多端元光谱混合分析结果中的大部分区域都是高反照率不透水面的低值区域。深度信念网络结果中的高反照率不透水面在密集建成区具有中值(图4-16)，而在其他区域具有较低的值。在低反照率不透水面分数图中，密集的建成区在深度信念网络的结果中具有很高的值，而使用多端元光谱混合分析得到的结果则相反。在随机森林和支持向量机的低反照率不透水面分数图中，高值和中值位于密集的建成区和主要道路上。此外，深度信念网络、随机森林和多端元光谱混合分析显著高估了城市地区的土壤比例。深度信念网络估算的土壤比例值明显高于随机森林和多端元光谱混合分析估算的值，支持向量机估计的土壤比例在全图中偏低，但在城市地区仍存在高估现象。

Landsat系列数据只有6～7个可用于分类的多光谱通道。一方面，它可以减少大量的数据，这也是遥感分类中的主要挑战之一[64]；另一方面，这些有限的波段也给深度学习技术的分类带来了困难，因为有限的波段提供的信息较少。对于深度信念网络等深度学习技术来说，在这些有限的波段上学习每个土地覆盖类的综合特征是一个挑战，从而影响了深度学习模型的性能。样本大小和模型参数是成功应用多光谱图像深度信念网络模型的关键。然而，带标签的训练样本是中空间分辨率图像中的另一个挑战[64]。在中空间分辨率的图像中，获取大量的城区和郊区的标注训练样本是难以实现的，因为像素对应的地面面积比地面上大多数独立的物体都大。因此，一个像素中包含多种土地覆盖类型的混合像元是不可避免的。由于参考分数数据的限制，混合像元很难作为深度信念网络的训练样本，这就给深度信念网络在中空间分辨率多光谱图像中的应用增加了难度。为了解决训练样本的局限性，我们尝试同时从高空间分辨率的高光谱图像和Landsat影像本

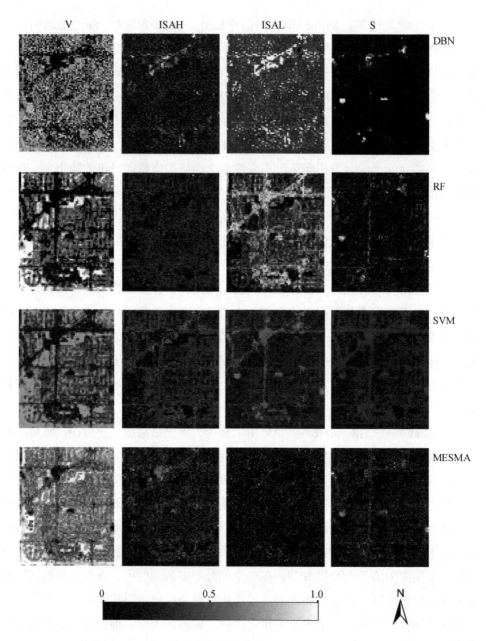

图 4-15 深度信念网络、随机森林、支持向量机和多端元光谱混合分析之间的直观比较

注：V 为植被，ISAH 为高反照率不透水面，ISAL 为低反照率不透水面，S 为土壤。

身收集训练样本。结果表明，这些训练样本可以适用于深度信念网络等机器学习方法。这为深度学习在中空间分辨率多光谱图像训练样本采集中的应用提供了一条可供选择的途径。

与其他基于机器学习的分解方法一样，深度信念网络强调了光谱特征的概率，而多端元光谱混合分析假设所有端元的概率相等[12]。在学习每个土地覆盖类别的特征后，深度信念网络估计相应的土地覆盖类型的概率。尽管其他研究人员已经讨论了在亚像元分解中使用概率来替代端元分数的可能性[81-83]，但很少有人应用深度学习技术，特别是深度信念网络来估计土地覆盖类型的比例。研究结果表明，深度信念网络模型估计的亚像元分解概率接近于土地覆盖类型的比例。因此，以深度信念网络计算的概率来估计混合像素中的土地覆盖类型的比例是合适的。

参数设置是成功解译的重要步骤，本章节的实验通过反复比较不同参数值的平均绝对误差，为选择合适的样本量、受限玻尔兹曼机层数和 batch size 数提供了参考。精确度评估意味着更大样本量的实验将具有更高的精确度，这与深度学习技术的常见假设相匹配[74]。但与此同时，深度信念网络要想与 Landsat 影像进行亚像元分解，至少需要 3 000 个样本。样本量大于 3 000 的深度信念网络可以稳定运行，而当样本量小于 1 000 时，平均绝对误差发生剧烈振动。首先，它可能归因于训练样本集的选择。在本章中，我们根据波段反照率之和对训练样本进行重新排序，然后以固定的间隔选择样本。样本量越小，间隔越大。因此，样本量越小，训练样本的类内变异性越大。其次，当样本量较小时，可以提供的特征较少。因此，深度信念网络无法了解每个土地覆盖类别的综合特征，从而导致模型性能的振动。而当样本量大于 3 000 时，所有 4 个训练样本的主要特征都显示在所选择的子集中，并且变化变小。因此，模型性能变得更加稳定。

就受限玻尔兹曼机层数的大小而言，由于两层和两层以上的平均绝对误差差异较大，受限玻尔兹曼机层数的大小没有更大的调整空间，这可能是由于多光谱图像的输入波段有限所致。Chen 等[74]的实验应用了层数为 30 或 50 的受限玻尔兹曼机，研究中使用的受限玻尔兹曼机层的数量很少。但是 Chen 等[74]在拥有数百个通道的高光谱数据上实现了深度信念网络。虽然深度信念网络中受限玻尔兹曼机层（又称深度）的数量是影响分类精度的关键，但深度的设置可能会受到数据集通道的影响。因此，两层受限玻尔兹曼机模型在本章中获得较高的精度是有意义的。

本章中的 epoch 数（150 个）远远少于 Chen 等[74]实验中的 epoch 数（1 000～
5 000），然而，到目前为止并未找到一个一致的模式来选择最合适的 epoch 数，
因为它们在所有测试中的平均绝对误差都非常相似。Jiang 等[84]的研究证明，当
epoch 数从 50 变到 200 时，精度没有明显的趋势。我们的结果与 Xu 等[85]的结论
匹配，其结论是当 epoch 数大于 15 时，精度变得稳定。

学习率的设置会影响深度信念网络的速率。学习率和平均绝对误差之间没有
显著的相关性，较低的速度并不意味着较高的准确率。Jiang 等[84]的研究展示了类
似的结果，当学习率从 0.2 变到 0.7 时，准确率略有波动。从理论上讲，较低的学
习率将导致更可靠的结果，不过时间消耗会相应增加，但这一模式在本章和 Jiang
等[84]的研究中并未出现。其他一些学者在他们的研究中都使用了相同的学习率
0.1[67,85,86]。

我们测试了从 50 到 1 450 的 batch size 数。结果表明，批量越小，模型的性
能越好。通常，许多研究只适用于 50～150 的 batch size 范围[68,85,86]。在深度信念
网络与支持向量机[27,81,82]、随机森林[87]和多端元光谱混合分析[13] 的对比中，深度
信念网络[65]性能接近支持向量机和随机森林。然而，与其他两种技术相比，深度
信念网络需要更多的训练样本，这也是没有更多学者讨论深度信念网络在亚像元
解译的原因。然而，在本章中，它的性能高优多端元光谱混合分析，计算效率也
高于多端元光谱混合分析。因此，深度信念网络仍然可以被视为城市/郊区亚像元
分解的一种替代方法。

深度信念网络、支持向量机和多端元光谱混合分析中的土壤比例被高估了
（图 4-15），这可能与土壤样本采集过程有关。土壤样本多采自裸土和沙地（如沙滩），
其光谱特征与高反照率不透表面相似[16,88]，在分类中容易与高反照率不透水面混合[89]。
研究结果为探究不同模型对土壤和高反照率不透水面区分的能力提供了参考，支持
向量机表现最优，即使训练样本有限，也可以较好地识别出土壤和不透水面[82]。

此外，我们还对深度自动编码器网络（DAEN）[90,91]和基于像元的卷积神经
网络[54,60,92]进行了测试。然而，它们的性能不如深度信念网络（图 4-16 和图 4-17）。
使用深度自动编码器网络模型时，我们在不同的样本量、学习率、步骤、batch size、
regularizers 和移动平均衰减率情况下对其进行了测试。它们的结果与图 4-16 相似，

在不同的测试实验中，不透水面的可能性几乎相同。

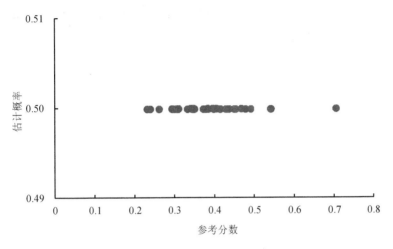

图 4-16　采用深度自动编码器网络模型的不透水面散点

与深度自动编码器网络类似，我们使用不同的参数测试了基于像元的 CNN[54,60,92]，如测试样本量为 100～500，batch size 数为 50～500，学习率为 0.001～ 0.200。然而，概率图类似于图 4-17。图 4-17 显示了不准确的植被概率分布。

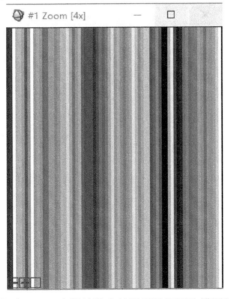

图 4-17　包含 3 000 个训练样本的卷积神经网络模型的植被概率

图 4-16 和 4-17 显示，深度自动编码器网络和卷积神经网络在高光谱图像中表现良好[54,60,90-92]，但在中空间分辨率的多光谱图像中不尽然。通道数是多光谱图像和高光谱图像之间的主要区别，深度自动编码器网络和卷积神经网络的实验表明，通道数是其成功应用的关键参数。因此，本章中我们没有添加这两个模型进行比较。

5 不透水面精细地物提取研究

如今，城市中大量的绿地植被、土壤等自然地物覆盖类型被沥青、彩钢、水泥等材料构成的建筑物所替代，这些不能被水渗透的物质被统称为不透水面，其覆盖度变化是研究城市扩张和城市土地利用变化的重要因素之一[93]。因此，对不透水面精细分类既可在微观上反映出城市建成区发展过程中的细微变化，又可为城市管理部门城市规划及建设用地规范整治，提供一定数据支持。

但目前的遥感分类研究中，多将不透水面划分为一类或两类地物。一方面，在基于像元尺度以及面向对象的土地利用分类中，大多数文章选择将城市建成区中的沥青道路、水泥路面、彩钢屋顶等建筑物统一合并为不透水面类进行分析[94,95]。另一方面，在基于亚像元尺度的土地利用分类相关研究中，也常采用不透水面[96-98]、合并后的高反照率与低反照率地物[10,99,100]，以及合并后的亮地物与暗地物[101]，作为不透水面总称，均未对不透水面精细分类进行深入探讨。

国内外大部分有关精细分类的研究也主要针对植被展开。例如，Yu 等[102]利用高分辨率遥感图像将加利福尼亚州雷耶斯国家海岸的植被分为 43 个类别；Raczko 和 Zagajewski[103]将波兰斯克拉斯卡波伦巴（Szklarska Poręba）地区的森林中的植被分为云杉、落叶松、灌木、山毛榉和桦木 5 种类别；Ren 等[104]将林区精细划分为 7 类，总体精度达 92.28%；Cui 和 Liu[105]结合光谱信息采用随机森林算法将研究区植被分为盐蒿、互花米草、芦苇、林地及其他植被 5 种类型。

因此，鉴于当前土地利用分类研究中对城市不透水面精细分类探讨不充分，而成熟的精细分类方法及技术常被用于植被、农作物等方面。本章以广州市作为研究区，基于 Landsat 8 遥感影像，提出了一种基于地物材质的分类体系，并使用随机森林方法对研究区的不透水面进行精细分类。所得结果可为城市精细化管理、城市微生态和城市群生态空间结构改善等研究提供重要的数据支撑。

5.1　典型研究区与数据

5.1.1　研究区概况

　　广州市位于珠江入海口，其经纬度范围为 112°57′E～114°3′E、22°26′N～23°56′N。城市地势为东北高、西北低，北部以低山丘陵为主，南部以平原为主。市辖白云、从化、海珠、花都、黄浦、荔湾、南沙、番禺、天河、越秀和增城共 11 个行政区（图 5-1）。

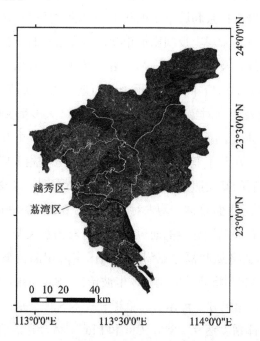

图 5-1　研究区地理位置及行政区划（band7/6/4）

5.1.2　数据源及预处理

　　选择广州市 2016 年 2 月 7 日 Landsat 8 影像数据，其空间分辨率为 30 m×30 m。预处理流程包括辐射定标、大气校正、植被及水体掩膜。辐射定标及大气校正流程均参照美国地质勘探局（USGS）（http：//glovis.usgs.gov/）公示方法完成。

采用归一化差异水体指数[106]［式（5-1）］对预处理后的图像进行水体掩膜，以相同方法利用归一化植被指数（NDVI）[107]［式（5-2）］进行植被掩膜。

$$MNDWI = \frac{G - MIR1}{G + MIR1}$$（5-1）

式中，G 为绿光波段，MIR1 为中红外波段。

$$NDVI = \frac{NIR - R}{NIR + R}$$（5-2）

式中，NIR 为近红外波段，R 为红光波段。基于 MNDWI 指数进行水体和非水体采样点的选取，获得灰度直方图（图 5-2），图中横坐标为各像元 MNDWI 指数的值，纵坐标为像元个数，根据阈值直方图确定最佳掩膜阈值为 0.425。同样，利用 NDVI 对研究区植被以相同方法进行掩膜，为减少非植被误掩膜现象出现，当植被掩膜阈值取 0.747 时，可在保证非植被像元不被误掩膜的同时，降低分类误差（图 5-3）。

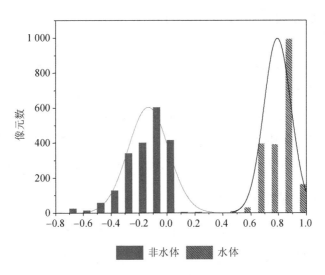

图 5-2　MNDWI 水体与非水体阈值

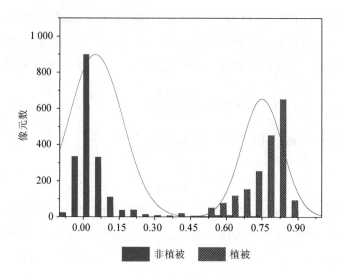

图 5-3　NDVI 植被与非植被阈值

5.2　不透水面精细提取方法及原理

研究基本思路为：首先，对数据进行预处理；其次，根据城市内部不透水面各地物的光谱信息确定精细分类体系（蓝钢、水泥、沥青、其他不透水面、其他金属、砖瓦、塑胶、土壤），并结合 Google earth 提供的高分辨率历史影像进行样本选择，使用随机森林方法进行亚像元尺度上的影像混合分解，提取广州市内不透水面各类详细地物覆盖度；最后，进行精度验证及统计分析（图 5-4）。

5.2.1　不透水面精细分类体系

本章根据遥感影像中不同建筑材料（塑胶、金属、橡胶、玻璃、水泥、木材、木瓦、沙子、砾石、砖、石材等）具有不同的光谱灵敏度的特点[108,109]，提取了地面建筑物的表面材质信息。利用实地调查所得的资料信息，确定由粗到细的各城市人工地物覆盖类型，将广州市粗分为不透水面、水体、林地、草地。其中，

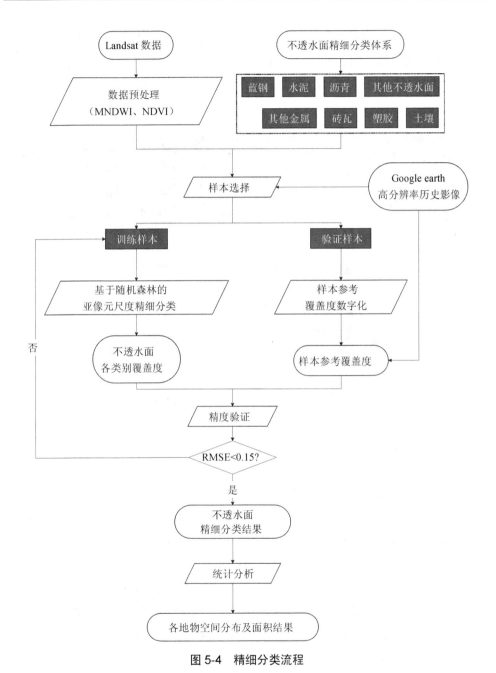

图 5-4 精细分类流程

注：MNDWI：归一化差异水体指数；NDVI：归一化植被指数；RMSE：均方根误差。

将不透水面细分为蓝钢、水泥、沥青、其他不透水面、其他金属、砖瓦、塑胶、土壤，共 8 类地物（图 5-5）。由于林地、草地等植被掩膜后提取验证样本及面积统计难度大，因此，只参与混合像元分解以提高分类精度，不参与精度验证及结果统计。

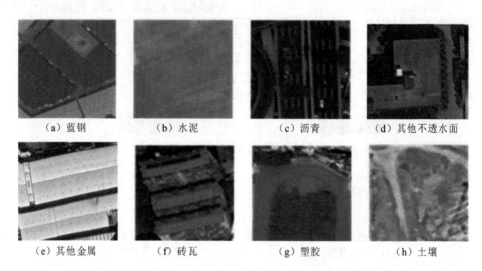

（a）蓝钢　　　　（b）水泥　　　　（c）沥青　　　　（d）其他不透水面

（e）其他金属　　　（f）砖瓦　　　　（g）塑胶　　　　（h）土壤

图 5-5　不透水面精细分类地物类别

5.2.2　样本选择

结合 Google earth 历史影像提供的高分辨率数据，选取每类地物各 10 个像元（1 个像元为 30 m×30 m）的纯净端元作为训练样本，选取纯净端元的光谱曲线（图 5-6），选取林地及草地的纯净端元参与计算，以便提高分类精度。

选取大小为 3 像元×3 像元（90 m×90 m）的验证样本，验证样本窗口内的像元平均值作为采样窗口地物的覆盖度估计值。在 Google earth 高分辨率影像上获取相应位置和面积的采样窗口，通过目视解译统计采样区内的各类地物所占比例，将其作为地物覆盖度的参考值。其中训练样点 80 个、验证样点 236 个，各类地物样本点数量见表 5-1。

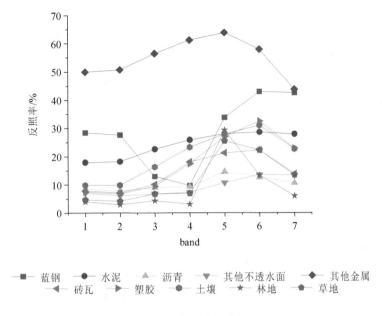

图 5-6 端元光谱曲线

表 5-1 各地物类型样点数量

类别名称	训练样点	验证样点
蓝钢	23	30
水泥	10	35
沥青	10	30
其他不透水面	5	30
其他金属	8	17
砖瓦	8	30
塑胶	6	30
土壤	10	34
总数	80	236

研究基于随机森林算法进行分类。其执行过程如下：首先利用 Bootstrap 抽样方法从原始样本中有放回地随机抽取 N 个样本组成训练集，该过程称为 Bagging；然后，对每个节点从全部 M 个原始特征变量中随机抽选 m 个（$m \leqslant M$）特征，进

行内部节点划分；最后，集合生成的 N 棵决策树的预测结果，采用投票的方式决定新样本的类别[110]。RF 具有较高的预测精度，能处理高维且存在多重共线性的数据，对异常值和缺失值容忍度高，人工干预少，且不容易出现过拟合问题[111,112]。本章基于遥感影像光谱特征，测试各类特征变量对遥感影像分类的贡献度，从而选出最佳的分类方案对城市不透水面进行精细分类。

5.2.3　精度验证

研究采用的精度验证方法是，验证样本参考值与估计值的均方根误差，具体公式如下：

$$\text{RMSE} = \sqrt{\dfrac{\displaystyle\sum_{i=1}^{N}(Y_i - X_i)^2}{N}} \qquad (5\text{-}3)$$

式中，X_i 为各类地物的覆盖度估计值；Y_i 表示各类地物的覆盖度参考值；N 为各类别验证样本数。均方根误差结果值越小，代表其模型的分类效果越好，精度也越高。将 Google earth 高分辨率影像作为精度验证数据，RMSE 作为精度评价指标。

5.3　精细不透水面提取结果及分析

5.3.1　各类别覆盖度影像

由于对影像进行了水体及植被掩膜处理，所以结果中未对广州市植被及水体进行面积统计分析。蓝钢、水泥、沥青、其他不透水面、其他金属、砖瓦、塑胶、土壤 8 种类别覆盖度影像如图 5-7 所示。由图可知，广州市不透水面主要集中于城市的西部，以天河区、越秀区尤为明显。其中，蓝钢的分布主要集中于海珠区中部、白云区西南部、花都区中部；水泥的分布主要集中于白云区南部；由沥青覆盖度影像可清晰看到广州市城市各圈层的主要交通干道；对于其他不透水面的分布，主要集中于荔湾、越秀、天河、海珠 4 个中心城区建筑密度较大的区域；对于其他金属的分布，集中于天河区西南部、番禺区西北部、花都区南部等工业园区；而砖瓦类的分布主要集中在增城区西南部、白云区东部及黄浦区西南部；

塑胶类别的分布主要集中于番禺区东北部的中心湖公园周围各高校以及越秀区、天河区、海珠区的中小学及大型体育场；裸土的分布主要集中于各中心城区外的未利用地。

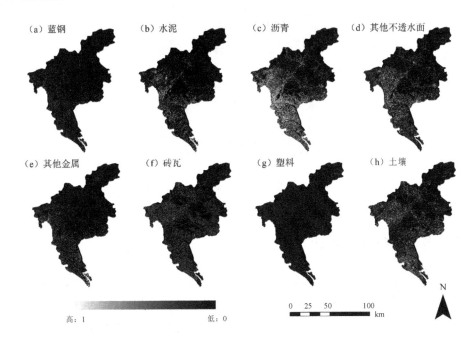

图 5-7　各类别覆盖度影像

5.3.2　提取精度分析

经计算，随机森林方法所得结果中各类别分类精度 RMSE 分别为蓝钢 11.75%、水泥 9.92%、沥青 7.99%、其他不透水面 10.04%、其他金属 12.95%、砖瓦 11.16%、塑胶 8.48%、土壤 11.48%（图 5-8），分类精度最高的地物为沥青，最低的地物类别为其他金属。

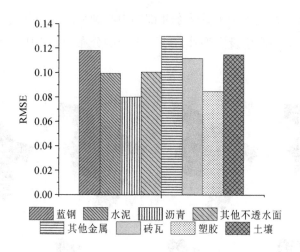

图 5-8   各类别精度验证均方根误差结果

5.3.3   各类地物面积统计

各类别的面积统计分析结果如下，研究区不透水面的总面积为 2 258.52 km²，在整个广州市所占比例为 31.6%。其中，沥青在广州市所占面积最多，共 691.71 km²，所占比例为 9.68%；其次是其他不透水面，在广州市所占面积共 447.84 km²，所占比例为 6.27%。蓝钢在广州市所占面积最少，共 78.79 km²，所占比例为 1.1%（表 5-2 和图 5-9）。

表 5-2   各类别在广州市所占面积   单位：km²

类型	面积
广州市总面积	7147.81
蓝钢	78.79
水泥	276.72
沥青	691.71
其他不透水面	447.84
其他金属	192.31
砖瓦	318.43
塑胶	252.72
土壤	417.09

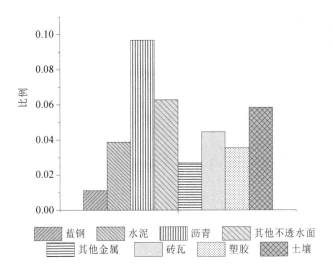

图 5-9 各类别在广州市所占比例

现有研究多将城市建成区所有地物归为不透水面一类，不同的是，本章将城市不透水面进行了精细分类，利用非线性光谱混合分析将广州市的不透水面细分，得到城市建成区详细地物的定量数据，为城市生态空间改善提供了数据支持，进一步印证了精细分类城市建成区的各地物可以为城市规划、政策制定提供新的思路，为未来城市发展做出贡献[109]。

不透水面的精细分类不仅可以提高粗分类中不透水面的提取精度，还可以提供城市建成区内部结构及建成区各类地物的定量统计数据。蓝钢及其他金属类别的提取结果有益于为广州市各工业区分布及城市温度变化研究提供一定的数据支持[113]；水泥提取对城市下垫面研究具有重要意义[114]；沥青类别细分也为城市道路规划及道路建成面积统计等提供数据支持[115]；其他不透水面及砖瓦的细分可为广州市居民区空间分布的相关研究提供参考数据[116]；塑胶的空间分布也可为学校、体育场等城市功能区域划分做出贡献。

不透水面精细分类对城市内部温度、生态及城市规划也有重要影响[117]。精细分类可以有效缓解热岛效应，量化单个城市区域内地物覆盖的具体类型，具有重大研究意义，包括材料的详细组成，如沥青道路、有色金属、亮暗屋顶等[118,119]；

各类不透水面地物改变了城市生态空间结构，精细分类结果可为了解城市生态承载能力及城市绿化提供数据支持[120,121]；不透水面的各详细覆盖类型，也有着不同的使用周期及老化速率，对它们的分布进行研究，对城市人群生产和生活、城市的整体面貌和形象维护、城市规划、灾害应急管理及城中村改造具有重要意义。

6 不透水面提取模型的不确定性分析

6.1 加权不透水面提取模型与不确定性分析

光谱混合分析因其方便、精度高、易于实现等优点，被广泛应用于遥感图像中土地覆盖信息的提取[10,122]，该方法假设混合像元是由几个纯净的土地覆盖类型或端元的光谱通过建模而形成的[10,11,89]。因为它有四大优点在遥感应用中得到广泛认可：第一，它将地表特征的反照率或辐射度转换为物理变量，而不是概率或似然[123]；第二，它可以检测物质，其数量可以用合成的部分土地覆盖图像来表示[123]；第三，许多计算机程序，如 ENVI 和 ERDAS Imagine，都嵌入了光谱混合分析模型，使用这些程序可以很容易地获得并解释光谱混合分析的结果[123]；第四，光谱混合分析应用于多个研究领域，如土地利用和土地覆盖变化监测[10,124,125]、精准农业和生产监测[126,127]、城市环境生态研究[128,129]、陆地生态系统研究[130]、森林灾害风险监测和管理[131]、水质评估[132]以及地质测绘[133]。学者们对其优点和局限性进行了大量的讨论，为进一步研究提供了宝贵资料，由于非线性光谱混合分析模型具有复杂性，很难对不同的模型结果进行比较，所以本章以线性光谱混合分析为研究重点，为方便表述简写为光谱混合分析。在应用光谱混合分析时，大多数的学者认为遥感影像的每个波段对解混结果的贡献都是相等的。但有一些研究者对这一假设表示了怀疑，因为他们的研究表明，加权光谱混合分析（WSMA）的结果优于简单光谱混合分析的结果[134,135]。这可以归因于两个方面：①类内可变性使得端元的可分离性复杂化[33]；②估计误差与端元的混合规模呈正相关[135]。对于第二个原因，估计结果主要受反照率或辐射率最高的波段的影响，而忽略了低值波段[135]。Somers 等[135]指出，当忽略波段间反射能量的差异时，就可能会出现显著的丰度估计误差。

　　一些研究人员在他们的研究中应用了加权光谱混合分析并讨论其可行性。Chang 和 Ji[134]基于解混模型探讨了 3 种类型的加权矩阵，扩展了基于丰度约束的线性光谱混合分析。Liu 等[136]通过使用核权重矩阵，将 Chang 和 Ji[134]提出的加权光谱混合分析扩展为基于核的线性光谱混合分析。Somers 等[135]分析了端元可变性和反射能量之间的关系，并测试了它们对丰度估计精度的影响，结果显示反射能量更高的波段对丰度估算的光谱可变性贡献更大。根据这一发现，他们提出了一个两步的加权光谱混合分析方法，以解决农业生产系统中的端元可变性。Pan 等[137]提出了一种波段加权方法，该方法根据边缘线与其相应边界的显著程度指定权重分数。上述研究结果均表明，与未加权模型相比，加权模型具有更好的性能。

　　如今的研究中，加权光谱混合分析并没有得到充分的关注与讨论，很少有研究者将加权光谱混合分析运用到他们的研究中。根据以往的研究可以确定，精度是可以提高的，但这些改进可能仅限于特定的研究区和数据源。Chang、Ji[134]和 Liu 等[136]将权重矩阵应用于丰度约束的线性光谱模型，研究区内含有森林和农田，与城市地区相比，这些地区的端元可变性相对较低。Somers 等[135]强调了加权光谱混合分析在植被覆盖地区的能力，一些具有更多光谱变异性的研究地点尚未被探索，如既包含不透水面（ISA）又包含植被的区域。为了检验加权光谱混合分析在城市环境中的有效性，采用了 Small[124]提出的植被-高反照率-低反照率（V-H-L）模型。该模型假设大部分城区由植被（树木和草地）、高反照率区（云、沙、混凝土）和低反照率区（沥青、水等）组成。商业区、停车场、住宅区和道路等土地覆盖类型可以归类为 V-H-L 模型中的组成部分。此外，位于湿润地区的城市大多被植被和不透水面覆盖，只有少数地区有沙子和土壤。因此，在气候湿润的城市环境中，当水域被遮蔽时，V-H-L 模型可简化为植被-高反照率不透水面-低反照率不透水面（V-ISAH-ISAL）模型。本章旨在检验加权光谱混合分析模型和未加权光谱混合分析模型在城市环境中的性能。为了达到这一目标，使用不同端元的光谱对现有及潜在的加权方案进行了 100 次测试，用平均绝对误差评价相应加权方案的精度，并采用配对样本 T 检验（Paired-samples T Test）方法来检验加权方案与未加权方案之间是否存在显著性差异。

6.1.1 典型研究区和数据

美国威斯康星州的简斯维尔和北卡罗来纳州的阿什维尔被选为本章的研究区域（图 6-1）。简斯维尔位于五大湖区（温带大陆性湿润气候）内，地理面积为 80.95 km^2。它主要由不透水面（如屋顶、人行道、道路和停车场等）和植被（如树木和草地等）构成。独栋房屋分布在街道两旁，周围是草坪，同时还存在工业区和高速公路。除简斯维尔外，也在阿什维尔检查是否可以获得一致的结果。阿什维尔位于北卡罗来纳州西部，与简斯维尔有类似的景观。它属于潮湿的亚热带气候，与该州东部城市相比，夏季更凉爽。阿什维尔的面积为 117.2km^2，2010 年人口估计为 8.3 万。

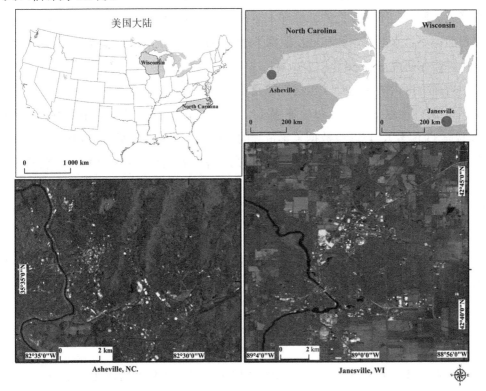

图 6-1　美国威斯康星州（Wisconsin）简斯维尔（Janesville）和北卡罗来纳州（North Carolina）阿什维尔（Asheville）的研究区

分别从美国地质勘探局网站下载了 2014 年 6 月 3 日获取的简斯维尔研究区
Landsat 8 OLI（Operational Land Imager）影像和 2009 年 6 月 2 日获取的阿什维尔
研究区 Landsat 5 TM 影像，并对 OLI 和 TM 图像进行辐射定标、大气校正等图像
预处理。以 2014 年 6 月 12 日获得的简斯维尔和 2009 年 5 月 30 日获得的阿什维
尔的历史 Google Earth Pro 图像作为参考，验证解译结果的准确性。由于土壤的数
量有限，所以没有考虑土壤，因此，需在光谱混合分析之前使用支持向量机分类
来掩膜土壤。实验选取了两类样本，即训练样本和测试样本。为避免选取了错误
的像元，实验中训练样本是在预处理后图像中对比参考图像而选择的纯净像元。
一般情况下，训练样本只在大型纯净土地覆盖类型中选择。例如，植被的训练样
本是从林区和大草原中选取的，而不使用居民区内的树木或草地，以避免选择混
合像元。同理，不透水面的训练样本多在大型商场或停车场选取。植被样本数、
高反照率不透水面样本数和低反照率不透水面样本数在简斯维尔研究区各 40 个，
在阿什维尔研究区各 50 个。

在研究区内随机选择（包括纯像元和混合像元）125 个测试样本（简斯维尔
64 个，阿什维尔 61 个），以验证解译结果的准确性。每个样本大小为 90m×90m
（3 像素×3 像素），以减少数据采集带来的几何误差影响。最后，分别利用土地覆
盖类型训练样本构建了 3 个光谱库，每个光谱库包含简斯维尔的 40 个光谱和阿什
维尔的 50 个光谱。

6.1.2   加权光谱混合分析方案

光谱混合分析方法假设混合像元的光谱是几个纯净土地覆盖类型的光谱或端
元的组合[13,138]。光谱混合分析模型可表示为式（6-1）：

$$R_k = \sum_{j}^{n} f_j R_{k,j} + \varepsilon_k \qquad (6\text{-}1)$$

式中，R_k 是波段 k 上混合像元的光谱反照率；f_j 是单个像元内端元 j 的比例；$R_{k,j}$
是端元 j 在波段 k 上的光谱反照率；ε_k 是波段 k 的误差；n 是端元数。对于完全约
束的光谱混合分析，需满足两个条件：①和为 1（$\sum_{j}^{n} f_j = 1$）；②非负（$0 \leqslant f_j \leqslant 1$）。

通常，求解最小二乘误差估计的过程是找出最小的 ε_k[33]。因此，式（6-1）可以被解释为式（6-2）。

$$\sum_{k=1}^{z}\varepsilon_k^2 = \sum_{k=1}^{z}\left[\sum_{j}^{n}(f_jR_{k,j}) - R_k\right]^2 \tag{6-2}$$

式中，z 是光谱波段的数目。可以将权重矢量 A 代入式（6-2），以解决波段的不均匀贡献问题[134,135]。式（6-3）表示加权矢量添加格式。

$$\sum_{k=1}^{z}\varepsilon_k^2 = \sum_{k=1}^{z}\left[A_{k,j}\sum_{j}^{n}(f_jR_{k,j}) - R_k\right]^2 \tag{6-3}$$

平均绝对误差（MAE）是将估计值与参考值进行比较，用来评价解混的性能。平均绝对误差的计算如式（6-4）所示。

$$\text{MAE} = \sum_{i=1}^{m}\text{ABS}(f_{e,i} - f_{r,i})/m \tag{6-4}$$

式中，$f_{e,i}$ 和 $f_{r,i}$ 分别是样本 i 的估计值和参考值；m 是样本数量。

本章在已发表的研究论文基础上，实施了 5 种现有的权重方案，包括 Shannon 熵权法（Entropy）[139]、反射能量固定权重矢量（REFWV）[135]、基于不稳定指数的加权方法（ISIb）[135]、组合权重矢量（WV）[135]和类内方差（V_W）[134]。我们还开发了 5 种潜在的加权方案作为现有加权方案的扩展，包括类间方差（V_B）[134]、总类方差（V_T）[140]、反向最优指数因子（IOIF）、均值（Mean）和标准差（SD）。式（6-5）～式（6-10）中显示了计算现有加权矢量的细节，式（6-11）～式（6-16）中展示了潜在的加权方案。

6.1.2.1　选定进行调查的加权方案

Shannon 熵权法是信息论中公认的变异性度量[139]，已被广泛应用于社会科学、物理学、遥感等多个研究领域。其中，在遥感领域，熵权法表示每个波段的信息尺度[139]。从理论上讲，某一波段包含的能量越多，熵值就越高，因此熵权法作为一种加权方案被广泛地应用。熵权法的详细计算如式（6-5）所示。

$$E_k = -\sum_{i=1}^{m} P(R_{k,i}) \log_2 P(R_{k,i}) \tag{6-5}$$

式中，E_k 是波段 k 的熵值，m 是所选样本的数量，$R_{k,i}$ 是波段 k 中的样本 i 的反照率值，$P(R_{k,i})$ 是获得特定反照率值 $R_{k,i}$ 的概率，它可以表示为 $P(R_{k,i}) = f(R_{k,i}) / \sum_{j=1}^{m} f(R_{k,j})$ [141]，其中 $f(R_{k,i})$ 是 $R_{k,i}$ 的频率，$\sum_{j=1}^{m} f(R_{k,j})$ 是所有反照率值的总频率。

反射能量固定权重矢量是由 Somers 等[135]提出的一种加权方法。它利用每个波段的最大反照率值除以相应波段的平均值来保持端元类之间的相对关系以及消除波段之间的可变性[135]。可用式（6-6）表示：

$$R_k = R_{\max,k} / R_{\mathrm{mean},k} \tag{6-6}$$

式中，R_k 是 k 波段的反射能量固定权重值，$R_{\max,k}$ 和 $R_{\mathrm{mean},k}$ 分别是 k 波段的最大反照率和平均反照率。

基于不稳定指数的加权方（ISIb）法也是由 Somers 等[135]提出的，以解决植被端元变异性问题，同时还考虑了类内和类间的可变性。端元类的标准差之和与端元类均值之间的平均欧几里得距离之比被视为相应波段的加权分数。式（6-7）基于两个土地覆盖类型进行计算。

$$I_k = 1 / \mathrm{ISI}_k = 1 / \left(\frac{s_{k,x} + s_{k,y}}{\left| \overline{R}_{k,x} - \overline{R}_{k,y} \right|} \right) = \frac{\left| \overline{R}_{k,x} - \overline{R}_{k,y} \right|}{s_{k,x} + s_{k,y}} \tag{6-7}$$

式中，ISI 为不稳定指数，$\overline{R}_{k,x}$ 和 $\overline{R}_{k,y}$ 分别是波段 k 中 x 类和 y 类的平均反照率，$s_{k,x}$ 和 $s_{k,y}$ 分别是 k 波段中 x 类和 y 类的相应的标准差。对于多于两个端元的方案，式（6-7）可以表示为式（6-8）：

$$I_k = 1 / \mathrm{ISI}_k = 1 / \left[\frac{2}{n(n-1)} \sum_{x}^{n-1} \sum_{y=x+1}^{n} \frac{s_{k,x} + s_{k,y}}{\left| \overline{R}_{k,x} - \overline{R}_{k,y} \right|} \right] \tag{6-8}$$

式中，n 为端元的数量。

组合权重矢量［WV，W_k 在式（6-9）中］由反射能量固定加权矢量和基于不稳定指数的加权[135]乘积表示，如式（6-9）所示。

$$W_k = \text{REFWV}_k \times \text{ISIb}_k \qquad (6\text{-}9)$$

类内方差（V_W）描述了每种土地覆盖类型的差异性。Chang 和 Ji[134]在加权丰度约束线性光谱混合分析中采用了类内方差作为加权矢量。可以表示为式（6-10）：

$$(V_W)_k = \sum_{j=1}^{n} \sum_{i=1}^{m_j} (R_{k,i} - \overline{R}_{k,j})^2 \qquad (6\text{-}10)$$

式中，$(V_W)_k$ 是波段 k 中类内方差加权矢量值；$\overline{R}_{k,j}$ 是波段 k 中土地覆盖类型 j 的平均反照率；$R_{k,i}$ 代表波段 k 中相应土地覆盖类型 j 中样本 i 的特定反照率；m_j 是类别 j 中的样本数。

6.1.2.2 潜在的加权方案

除现有的加权方案外，还根据波段的方差和能量/信息提出了 5 种潜在的加权方案。基于方差的波段潜在加权方案包括类间方差、总类方差和标准差，而基于能量/信息的潜在加权方案包含反向最优指数因子和均值。

（1）基于方差的潜在加权方案

经过验证波段的方差可以用作光谱混合分析的加权方案[134]，如类内方差。除类内方差外，类间方差和总类方差还可以用于描述数据集的方差，但以前的多数研究都没有进行讨论。因此，本章探讨了类间方差和总类方差。公式分别为式（6-11）和式（6-12）。

$$(V_B)_k = \sum_{j=1}^{n} m_j (\overline{R}_{k,j} - u_k)^2 \qquad (6\text{-}11)$$

式中，$(V_B)_k$ 是 k 波段中类间方差加权矢量值；m_j 是土地覆被类别 j 的样本数目；u_k 是 k 波段中所有类的平均反照率；$\overline{R}_{k,j}$ 是 k 波段中 j 类的土地覆盖平均反照率。

$$(V_T)_k = (V_W)_k + (V_B)_k \qquad (6\text{-}12)$$

式中，$(V_T)_k$ 是 k 波段中总类方差权重矢量的值。

此外，标准差即方差的平方根是测量数据集差异的另一种方法。它可以表示为式（6-13）。

$$S_k = \sqrt{\sum_{i=1}^{m} (R_{k,i} - \overline{R}_{k,i})^2 / m} \qquad (6\text{-}13)$$

式中，$R_{k,i}$ 和 $\overline{R}_{k,i}$ 分别是 k 波段中样本 i 的反照率和平均反照率，m 是相应类的样本数。

（2）基于信息/能量的潜在加权方案

波段的信息/能量是影响光谱混合分析准确性的另一个潜在因素。许多学者指出，光谱混合分析中采用的最小二乘误差方法会忽略反照率/辐射率值较低的波段，这是由反照率/辐射率相对较高的波段确定的[135]。因此，可以将测量波段信息/能量信息的参数视为潜在的加权方案，以最大限度地减少混合误差。本章采用两种评估波段信息/能量的加权方案：反向最优指数因子和均值。

最优指数因子的计算目的是找到可以使整体信息内容最大化的三波段组合[142,143]，是根据任意两个波段的总方差与总相关性之比计算得出的 [式（6-14）]。由此可见，拥有高方差和低成对相关性的波段可能最符合最优指数因子的目的。

$$O = \max\left[\frac{\sum_{k=1}^{z} \sigma(k)}{\sum_{j=1}^{z} |r(j)|} \right] \qquad (6\text{-}14)$$

式中，$\sigma(k)$ 是第 k 个波段的标准差；$|r(j)|$ 是任意两个波段之间的绝对相关系数；z 是波段数。

根据 Chavez 等[143]研究，拥有最高最优指数因子值的 3 个波段包含的信息最多，相应，剩余波段包含的信息量最少。因此，最优指数因子的计算在一定程度上可以指示出所选波段和剩余波段的信息量。本章提出了一个反向最优指数因子，将最优指数因子的计算从 3 个波段扩展到 $z-1$ 个波段（z 是波段数）。由于所有波段的信息量是一致的，$z-1$ 波段包含的信息越多，剩余波段包含的信息量就越少。因此，当 $z-1$ 波段的最优指数因子值较低时，其余波段则会包含更多信息，所以 $z-1$ 波段的最优指数因子值的倒数可用于指示剩余波段中的信息量。反向最优指

数因子 F_k 可以表示为式（6-15）。

$$F_k = 1 / \frac{\sum\limits_{i=1,i \neq k}^{z} \sigma(i)}{\sum\limits_{j=1,j \neq k}^{z} |r(j)|} \tag{6-15}$$

式中，I_k 是 k 波段的反向最优指数因子值；$\sigma(i)$ 是 i 波段的标准差；$|r(j)|$ 是相关系数。

每个波段的反照率/辐射率也会影响光谱混合分析结果,反照率/辐射率值较高的波段可能起到较大的作用。因此，每个波段的平均值也被用来检查其作为加权方案的可能性。平均值可以按式（6-16）计算。

$$\text{Mean}_k = \sum \frac{R_k}{m} \tag{6-16}$$

式中，R_k 是 k 波段的反照率/辐射率；m 是样本总数。

上述所有加权方案汇总见表 6-1。

表6-1 加权方案

方案	表达式	参考文献
熵权法	$-\sum\limits_{i=1}^{m} P(R_{k,i}) \log_2 P(R_{k,i})$	Wang 和 Bao[139]
反射能量固定权重矢量	$R_{\max,k} / R_{\text{mean},k}$	Somers 等[135]
基于不稳定指数的加权方法	$1 / \left[\dfrac{2}{n(n-1)} \sum\limits_{x}^{n-1} \sum\limits_{y=x+1}^{n} \dfrac{s_{k,x} + s_{k,y}}{\overline{R}_{k,x} - \overline{R}_{k,y}} \right]$	Somers 等[135]
组合权重矢量	$R_k I_k$	Somers 等[135]
类内方差	$\sum\limits_{j=1}^{n} \sum\limits_{i=1}^{m_j} (R_{k,i} - \overline{R}_{k,j})^2$	Chang 和 Ji[134]
类间方差	$\sum\limits_{j=1}^{n} m_j (\overline{R}_{k,j} - u_k)^2$	Chang 和 Ji[134]
总类方差	$(V_W)_k + (V_B)_k$	Rogerson[140]

方案	表达式	参考文献
标准差	$\sqrt{\sum_{i=1}^{m}(R_{k,i}-\overline{R}_{k,i})^2/m}$	
反向最优指数因子	$1/\dfrac{\sum_{i=1,i\neq k}^{z}\sigma(i)}{\sum_{j=1,j\neq k}^{z}|r(j)|}$	Chavez 等[143]
均值	$\sum\dfrac{R_k}{m}$	

6.1.3 光谱混合分析和精度验证

在本章中，每个加权方案以及未加权方案都进行了 100 次测试。在每次测试中，我们随机从每个光谱库中选择了一个光谱作为光谱混合分析的端元。因此，在 V-ISAH-ISAL 端元模型下选择了 100 个光谱组合，所有加权方案和未加权方案在每次测试中使用相同的端元库以提供可比较的结果。每项试验均采用全约束线性混合光谱分析，以求出植被、高反照率不透水面、低反照率不透水面和土壤的丰度。

加权方案由 4 种类型的样本构成：高反照率不透水面样本、低反照率不透水面样本、植被样本和所有样本（所有样本包括以上 3 种样本）。每个方案的原始加权分数见表 6-2 和表 6-3。由于基于不稳定指数的加权方法、组合权重矢量、类内方差、类间方差、总类方差的加权方案涉及多个土地覆盖类别，因此它们只在所有样本中构建。

表 6-2 简斯维尔的加权得分

样本	方案	B1	B2	B3	B4	B5	B6	B7
植被样本	熵权法	1.100	0.980	1.380	1.370	3.510	2.130	1.620
	反射能量固定权重矢量	1.310	1.400	1.290	1.640	1.200	1.270	1.380
	标准差	0.004	0.004	0.007	0.005	0.033	0.013	0.008
	反向最优指数因子	163.93	164.06	171.19	167.86	313.30	210.49	183.35
	均值	0.040	0.030	0.060	0.030	0.430	0.170	0.070

样本	方案	B1	B2	B3	B4	B5	B6	B7
高反照率不透水面样本	熵权法	4.775	4.844	4.538	4.853	4.758	4.474	4.709
	反射能量固定权重矢量	1.713	1.738	1.659	1.689	1.716	1.331	1.547
	标准差	0.117	0.119	0.123	0.132	0.143	0.083	0.160
	反向最优指数因子	12.675	12.606	12.564	12.719	13.194	14.849	16.558
	均值	0.394	0.397	0.427	0.445	0.457	0.561	0.496
低反照率不透水面样本	熵权法	2.161	2.196	2.416	2.633	3.158	2.870	2.588
	反射能量固定权重矢量	1.442	1.482	1.483	1.529	1.678	1.411	1.388
	标准差	0.011	0.011	0.013	0.015	0.026	0.021	0.017
	反向最优指数因子	103.97	104.04	102.80	103.84	127.26	125.82	117.81
	均值	0.074	0.065	0.068	0.071	0.090	0.088	0.079
所有样本	熵权法	4.020	3.962	3.704	4.247	5.051	4.581	3.875
	反射能量固定权重矢量	4.328	4.562	4.080	4.478	2.207	2.763	3.731
	基于不稳定指数的加权方法	2.508	2.544	2.641	2.534	2.173	4.545	2.352
	组合权重矢量	10.86	11.60	10.77	11.35	4.79	12.56	8.78
	类内方差	0.014	0.014	0.015	0.018	0.022	0.008	0.026
	类间方差	3.101	3.288	3.446	4.187	3.169	4.572	4.511
	总类方差	3.115	3.302	3.461	4.205	3.191	4.579	4.537
	标准差	0.173	0.178	0.183	0.200	0.174	0.203	0.214
	反向最优指数因子	9.759	9.797	9.796	10.007	11.965	10.854	10.840
	均值	0.156	0.151	0.174	0.168	0.355	0.270	0.206

表 6-3　阿什维尔的加权分数

样本	方案	B1	B2	B3	B4	B5	B6
植被样本	熵权法	0.881	1.240	0.958	3.295	2.579	1.637
	反射能量固定权重矢量	2.870	1.378	1.419	1.124	1.249	1.480
	标准差	0.003	0.005	0.002	0.029	0.015	0.007
	反向最优指数因子	0.007	0.007	0.007	0.013	0.007	0.006
	均值	0.004	0.028	0.015	0.425	0.164	0.060
高反照率不透水面样本	熵权法	4.229	4.821	4.999	4.974	4.261	4.543
	反射能量固定权重矢量	1.335	1.945	1.819	1.607	1.349	2.302
	标准差	0.094	0.150	0.150	0.144	0.096	0.161
	反向最优指数因子	0.001	0.001	0.001	0.001	0.001	0.001
	均值	0.333	0.424	0.432	0.462	0.419	0.362

样本	方案	B1	B2	B3	B4	B5	B6
低反照率不透水面样本	熵权法	3.523	3.723	3.765	3.888	3.736	3.418
	反射能量固定权重矢量	2.080	2.151	2.027	1.885	1.727	1.831
	标准差	0.040	0.048	0.051	0.063	0.047	0.034
	反向最优指数因子	0.003	0.003	0.003	0.004	0.003	0.003
	均值	0.102	0.128	0.135	0.182	0.170	0.144
所有样本	熵权法	4.399	4.775	4.754	5.336	4.649	4.731
	反射能量固定权重矢量	3.044	4.266	4.047	2.083	2.252	4.409
	基于不稳定指数的加权方法	2.318	1.899	2.034	0.521	0.260	1.554
	组合权重矢量	7.055	8.100	8.230	1.086	0.585	6.850
	类内方差	0.512	1.219	1.226	1.254	0.571	1.327
	类间方差	2.862	4.249	4.595	2.308	2.116	2.414
	总类方差	3.375	5.468	5.821	3.561	2.687	3.742
	标准差	0.150	0.192	0.198	0.155	0.134	0.158
	反向最优指数因子	0.012	0.013	0.012	0.027	0.015	0.014
	均值	0.146	0.194	0.194	0.356	0.251	0.189

此外，不同方案的加权分数表各有不同。在植被样本和低反照率不透水面样本中，加权得分最高的是反向最优指数因子，这些加权方案的加权得分在简斯维尔研究区大于 100，而在阿什维尔研究区较小，标准差、均值和类内方差的得分也都很小，大多数都在 0.5 分以下，植被样本和低反照率不透水面样本的分数只能达到 0.1 分。熵权法、反射能量固定和权重矢量、类间方差和总类方差的加权得分在 1～10 分。

为了比较不同加权方案之间的差异，所有的加权得分被归为 5 类：高度强调（0.8～1）、中度强调（0.6～0.8）、轻微变化（0.4～0.6）、中度压缩（0.2～0.4）和高度压缩（0～0.2）（表 6-4 和表 6-5）。

表 6-4 简斯维尔的归一化加权得分分类

样本	方案	高度强调	中度强调	轻微变化	中度压缩	高度压缩
植被样本	熵权法	B5		B6	B7	B1 B2 B3 B4
	反射能量固定权重矢量	B4		B2 B7	B1 B3	B5 B6
	标准差	B5			B6	B1 B2 B3 B4 B7
	反向最优指数因子	B5			B6	B1 B2 B3 B4 B7
	均值	B5			B6	B1 B2 B3 B4 B7

样本	方案	高度强调	中度强调	轻微变化	中度压缩	高度压缩
高反照率不透水面样本	熵权法	B2 B4	B1 B5 B7			B3 B6
	反射能量固定权重矢量	B1 B2 B3 B4 B5		B7		B6
	标准差	B7	B4 B5	B1 B2 B3		B6
	反向最优指数因子	B7		B6		B1 B2 B3 B4 B5
	均值	B6	B7		B4 B5	B1 B2 B3
低反照率不透水面样本	熵权法	B5	B6	B4 B7	B3	B1 B2
	反射能量固定权重矢量	B5		B4	B2 B3	B1 B6 B7
	标准差	B5		B7	B4	B1 B2 B3
	反向最优指数因子	B5 B6	B7			B1 B2 B3 B4
	均值	B5 B6		B7	B1 B4	B2 B3
所有样本	熵权法	B5	B6	B4	B1	B2 B3 B7
	反射能量固定权重矢量	B1 B2 B4	B3 B7		B6	B5
	基于不稳定指数的加权方法	B6				B1 B2 B3 B4 B5 B7
	组合权重矢量	B2 B4 B6	B1 B3	B7		B5
	类内方差	B7	B5	B3 B4	B1 B2	B6
	类间方差	B6 B7	B4		B3	B1 B2 B5
	总类方差	B6 B7	B4		B3	B1 B2 B5
	标准差	B7	B4 B6		B3	B1 B2 B5
	反向最优指数因子	B5		B6 B7		B1 B2 B3 B4
	均值	B5		B6	B7	B1 B2 B3 B4

表 6-5　阿什维尔的归一化加权得分分类

样本	方案	高度强调	中度强调	轻微变化	中度压缩	高度压缩
植被样本	熵权法	B4	B5		B6	B1 B2 B3
	反射能量固定权重矢量	B1			B6	B2 B3 B4 B5
	标准差	B4		B5		B1 B2 B3 B6
	反向最优指数因子	B4				B1 B2 B3 B5 B6
	均值	B4			B5	B1 B2 B3 B6

样本	方案	高度强调	中度强调	轻微变化	中度压缩	高度压缩
高反照率不透水面样本	熵权法	B3 B4	B2	B6		B1 B5
	反射能量固定权重矢量	B6	B2	B3	B4	B1 B5
	标准差	B2 B3 B6	B4			B1 B5
	反向最优指数因子	B6			B5	B1 B2 B3 B4
	均值	B4	B2 B3 B5		B6	B1
低反照率不透水面样本	熵权法	B4	B2 B3 B5		B1	B6
	反射能量固定权重矢量	B1 B2	B3		B4 B6	B5
	标准差	B4		B2 B3 B5		B1 B6
	反向最优指数因子	B4			B6	B1 B2 B3 B5
	均值	B4 B5		B3 B6	B2	B1
所有样本	熵权法	B4		B2	B3 B5 B6	B1
	反射能量固定权重矢量	B2 B3 B6		B1		B4 B5
	基于不稳定指数的加权方法	B1 B3	B2 B6			B4 B5
	组合权重矢量	B1 B2 B3 B6				B4 B5
	类内方差	B2 B3 B4 B6				B1 B5
	类间方差	B2 B3			B1	B4 B5 B6
	总类方差	B2 B3			B1 B4 B6	B5
	标准差	B2 B3			B1 B4 B6	B5
	反向最优指数因子	B4			B5	B1 B2 B3 B6
	均值	B4		B5	B2 B3 B6	B1

注：TM5 图像中的 B1～B6 等于 OLI 图像中的 B2～B7。因此，阿什维尔研究区的 B1～B6 等于简斯维尔研究区的 B2～B7。

1）植被样本。在植被样本中，两个研究区的权重模式相似。除反射能量固定权重矢量外，植被样本的强调波段基本相同。其他所有加权方案突出显示近红外红色波段（NIR），而反射能量固定权重矢量强调红色（简斯维尔研究区）和蓝色（阿什维尔研究区）波段。在反射能量固定权重矢量方案中，压缩了近红外波段，近红外波段在所有波段中得分最低。

2）高反照率不透水面样本。不同方案的加权分数和突出显示的波段不同。熵权法极大地增强了红色波段。同时，短波红外波段 1（TM 中的 SWIR1 波段 5）得到了高度压缩。短波红外波段 1 采用标准差、反射能量固定权重矢量和熵权法的方案进行压缩。反向最优指数因子的权重分数随着波段数的增加而增加。

3）低反照率不透水面样本。几乎所有加权方案都有相同的突出显示的近红外波段。对于其他波段而言，尤其是可见光波段，其分数远低于短波红外波段（SWIR）。

4）所有样本（植被-高反照率不透水面-低反照率不透水面）。熵权法、反向最优指数因子和均值具有相似的模式：近红外波段分数较高，并压缩了蓝色波段。相反，反射能量固定权重矢量和权重矢量强调绿色和红色波段，同时都压缩了近红外波段。类内方差强调近红外波段和短波红外波段 2（TM 中的波段 6），并高度压缩短波红外波段 1。

采用不透水面的平均绝对误差来评价光谱混合分析的性能。不透水面的估计值由同一像元中的高反照率不透水面和低反照率不透水面的值合并而来，Google earth 图像中不透水面的参考值是通过将样本中的相应区域数字化来提取的（图 6-2）。

将所有加权方案以及未加权方案（所有加权分数均等于 1）应用于完全约束光谱混合分析，利用估计值和参考值之间的平均绝对误差来评估每个模型的精度。每个方案的平均绝对误差分布的箱形图如图 6-3、图 6-4 所示。使用配对样本 T 检验来检查每个加权方案和未加权方案的平均绝对误差之间是否存在显著不同的均值。另外，统计改进后的测试次数，其中改进的测试指的是加权方案平均绝对误差比未加权方案小的测试，并计算改进的平均绝对误差以及改进的百分比，以探索改进的规模（表 6-6 和表 6-7）。

图 6-2　参考的不透水面计算

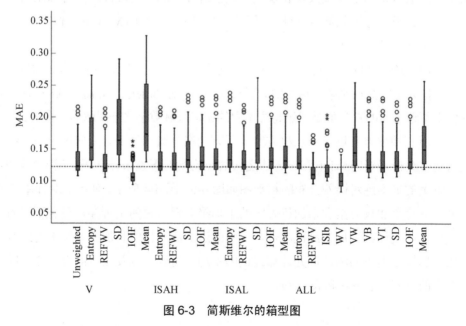

图 6-3　简斯维尔的箱型图

注：从左侧到右侧的熵均值分别为植被样本、高反照率不透水面、低反照率不透水面、所有样本。

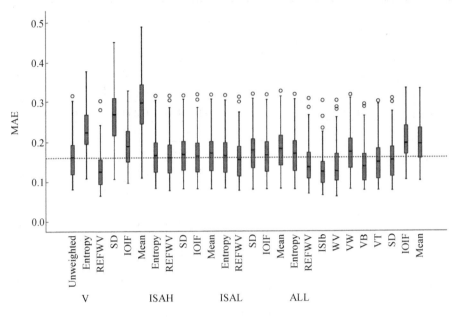

图 6-4 阿什维尔的箱型图

注：从左侧到右侧的熵均值分别为植被样本、高反照率不透水面、低反照率不透水面、所有样本。

表 6-6 简斯维尔研究区各加权方案与未加权方案的统计分析

样本	方案	配对样本检验			改进的测试的数量	平均改进程度/%
		平均差（未加权−加权）	t	Sig.（2-tailed）		
植被样本	熵权法	−0.032 9	−15.555	0.000	0	0
	反射能量固定权重矢量	0.003 6	18.044	0.000	99	2.7
	标准差	−0.049 8	−15.020	0.000	0	0
	反向最优指数因子	0.023 8	14.006	0.000	94	19.12
	均值	−0.064 4	−14.331	0.000	0	0
高反照率不透水面样本	熵权法	−0.000 1	−4.089	0.000	32	0.15
	反射能量固定权重矢量	0.000 2	1.283	0.203	45	1.06
	标准差	−0.010 9	−14.551	0.000	0	0
	反向最优指数因子	−0.005 8	−10.367	0.000	3	0.88
	均值	−0.005 5	−10.701	0.000	3	0.09

样本	方案	配对样本检验			改进的测试的数量	平均改进程度/%
		平均差（未加权−加权）	t	Sig.（2-tailed）		
低反照率不透水面样本	熵权法	−0.010 7	−15.068	0.000	1	0.69
	反射能量固定权重矢量	−0.002 7	−16.723	0.000	1	0.45
	标准差	−0.027 9	−14.947	0.000	0	0
	反向最优指数因子	−0.007 7	−14.671	0.000	0	0
	均值	−0.009 3	−14.874	0.000	0	0
所有样本	熵权法	−0.006 0	−16.408	0.000	1	0.36
	反射能量固定权重矢量	0.017 9	15.196	0.000	98	13.76
	基于不稳定指数的加权方法	0.013 5	12.249	0.000	97	10.51
	组合权重矢量	0.028 7	9.983	0.000	84	26.97
	类内方差	−0.022 0	−14.354	0.000	0	0
	类间方差	0.000 3	0.642	0.522	71	1.68
	总类方差	0.000 1	0.190	0.850	69	1.68
	标准差	−0.001 1	−4.089	0.000	50	0.59
	反向最优指数因子	−0.007 0	−15.588	0.000	0	0
	均值	−0.026 6	−15.383	0.000	0	0

表6-7　阿什维尔研究区各加权方案与未加权方案的统计分析

样本	方案	配对样本检验			改进的测试的数量	平均改进程度/%
		平均差（未加权−加权）	t	Sig.（2-tailed）		
植被样本	熵权法	−0.067 5	−14.636	0.000	1	0.19
	反射能量固定权重矢量	0.031 1	18.552	0.000	98	20.10
	标准差	−0.105 5	−14.697	0.000	1	1.02
	反向最优指数因子	−0.031 7	−11.116	0.000	1	2.38
	均值	−0.131 5	−16.138	0.000	0	0
高反照率不透水面样本	熵权法	−0.003 5	−11.955	0.000	10	0.59
	反射能量固定权重矢量	−0.001 3	−1.850	0.067	47	2.63
	标准差	−0.006 7	−13.187	0.000	8	1.51
	反向最优指数因子	−0.003 9	−6.094	0.000	27	2.28
	均值	−0.007 8	−12.995	0.000	4	0.79

样本	方案	配对样本检验			改进的测试的数量	平均改进程度/%
		平均差（未加权–加权）	t	Sig.（2-tailed）		
低反照率不透水面样本	熵权法	−0.002 7	−10.733	0.000	8	0.61
	反射能量固定权重矢量	0.004 8	15.658	0.000	97	3.13
	标准差	−0.014 7	−11.063	0.000	6	1.51
	反向最优指数因子	−0.004 8	−13.037	0.000	2	1.47
	均值	−0.021 6	−15.366	0.000	1	1.67
所有样本	熵权法	−0.007 1	−13.395	0.000	2	1.72
	反射能量固定权重矢量	0.017 2	9.292	0.000	84	14.00
	基于不稳定指数的加权方法	0.031 9	10.023	0.000	87	24.92
	组合权重矢量	0.020 6	4.053	0.000	67	30.11
	类内方差	−0.012 6	−14.291	0.000	6	1.65
	类间方差	0.019 2	14.548	0.000	96	12.83
	总类方差	0.010 6	11.640	0.000	95	7.23
	标准差	0.005 5	11.584	0.000	95	3.69
	反向最优指数因子	−0.041 8	−11.907	0.000	1	2.48
	均值	−0.036 9	−13.033	0.000	1	1.08

每个方案的平均绝对误差统计信息如图 6-3 和图 6-4 所示。在简斯维尔研究区，所有加权方案以及未加权方案的平均绝对误差的中位数均大于 0.1，而在阿什维尔研究区，许多平均绝对误差的中位数大于 0.15。与未加权的光谱混合分析相比，只有几种加权方案提高了精度。

在每个加权方案中，平均绝对误差的范围是不同的。一般来说，简斯维尔研究区的平均绝对误差值范围比阿什维尔研究区的范围小：简斯维尔研究区未加权方案的范围约为 0.1，阿什维尔研究区约为 0.22。在这两个研究区中，许多加权方案与未加权方案相比具有相似或略大的范围。从图 6-3 和图 6-4 可以看出，与阿什维尔研究区的方案相比，简斯维尔研究区的加权方案具有较小的平均绝对误差最大值和较大的平均绝对误差最小值：简斯维尔研究区的许多平均绝对误差最小值大于 0.1，小于 0.2，相反，阿什维尔研究区的平均绝对误差最小值可以小于 0.1，平均绝对误差最大值可以达到 0.3。

几种加权方案显示，它们优于未加权方案的准确性，包括植被样本中的反向最优指数因子（在简斯维尔研究区）和反射能量固定权重矢量，所有样本中的反射能量固定权重矢量、基于不稳定指数的加权方法和组合权重矢量（图 6-3 和图 6-4）。为了从统计学上证明其性能的优劣，采用配对样本 T 检验来分析它们的差异（表 6-6 和表 6-7）。在表 6-6 和表 6-7 中，第三列［平均差（未加权－加权）］显示了每个加权方案和未加权方案之间的平均绝对误差均值差。第三栏负值表示加权方案的平均绝对误差均值大于未加权方案。第四列显示 t 值，第六列表示差异的显著性。

植被样本的反射能量固定权重矢量和反向最优指数因子（仅在简斯维尔研究区）以及所有样本的反射能量固定权重矢量、基于不稳定指数的加权方法和组合权重矢量的平均绝对误差均值均低于未加权方案的平均绝对误差均值。其 p 值远低于表 6-6 和表 6-7 中的 0.025［Sig.（2-tailed）］值，表明它们的平均值与未加权方案的平均值不同，因此，这些统计数据证明了加权方案比未加权光谱混合分析的性能更好。与未加权方案相比，高反照率不透水面样本中反射能量固定权重矢量以及所有样本中的类间方差和总类方差的加权方案获得的平均绝对误差均值略低。在简斯维尔研究区它们的 p 值大于 0.05，在阿什维尔研究区小于 0.05，这表明它们在简斯维尔研究区的差异不显著，在阿什维尔研究区差异显著。所有剩余加权方案的平均绝对误差均值均大于未加权方案的均值，且其 p 值均为零，说明它们显著削弱了光谱混合分析结果的精度。

此外，比较了加权方案和未加权方案之间的每个测试的平均绝对误差，并统计了平均绝对误差值低于未加权方案的测试次数（表 6-6 和表 6-7 中改进的测试的数量）。此外，还计算了改进的平均绝对误差均值以及它们在表现优异的测试中的改进百分比。结果表明，几乎所有植被样本的反射能量固定权重矢量和反向最优指数因子（仅在简斯维尔研究区）以及所有样本的反射能量固定权重矢量、基于不稳定指数的加权方法和组合权重矢量的检验都优于未加权方案。在简斯维尔研究区，植被样本的反射能量固定权重矢量的改进是有限的，改进的平均绝对误差均值为 0.003 6（2.7%）。相比之下，阿什维尔研究区植被样本的反射能量固定权重矢量改进了约 20% 的平均绝对误差。在简斯维尔研究区，植被样本中的反向最优指数因子和所有样品中的反射能量固定权重矢量、基于不稳定指数的加权方法和组合权重矢量分别使平均绝对误差降低 19.12%、13.76%、10.51%和 26.97%。虽然简斯维尔研究区所有样本中超过 50%的类间方差、总类方差和标准差测试（类间方差中的 71%，总类方差中的 69%、标准差中的 50%）的平均绝对误差低于未加权方案，但它们的改进不到 1%，可以忽略不计。植被样本中的反射能量固定权重矢量和所有样本中反射能量固定权重矢量、基于不稳定指数的加权方法和组合权重矢量，在阿什维尔研究区的平均改进程度均大于简斯维尔研究区。阿什维尔研究区的类间方差、总类方差和标准差也有更高的改进的平均绝对误差均值（表6-6 和表 6-7）。

6.1.4　加权不透水面提取模型的不确定性分析

光谱混合分析由于其简单和精度高的优点而被研究者广泛使用[10]。然而，每个波段具有相等加权分数的假设需要更多的检验，有以下两个原因：①类间和类内的可变性的存在；②混合信号的尺度与解译误差之间的相关性[33,135]。这两个原因影响了光谱混合分析的性能，第二个原因影响程度更大[135]。

6.1.4.1　基于方差的加权方案

方差，包括类内和类间的方差，正如 Barducci 和 Mecocci[33]所说，它可使端元的可分离性复杂化。因此，它会影响光谱混合分析的结果。然而，方差的简单形式，如标准差、类内方差、类间方差和总类方差，不能直接视为加权方案，虽然类内方差在 Chang 和 Ji[134]的研究中证明了它的优越性，可结果表明它们在本章中表现并不佳。其主要原因可能有：①不同研究区的光谱变异性；②不同的训练样本。Chang 和 Ji[134]的研究侧重于植被景观，他们的研究区位于森林和草地的交汇处，而本章使用了包含多个土地覆盖类型的城市环境：不透水面。不透水面的方差在一定程度上大于植被，且光谱反照率没有独特的模式，所以将不透水面与植被混合构建加权方案可能会导致与纯植被样本的巨大差异。此外，正如 Chang 和 Ji[134]所说，良好的训练样本集是构建有意义的加权方案的关键。由于研究区不同，景观不同，选取的训练样本固然不同，所以加权光谱混合分析的结果可能与Chang 和 Ji[134]的研究结果不同。

然而，组合权重矢量和基于不稳定指数的加权方法的加权方案是通过方差构造的。它们既考虑了类间方差，也考虑了类内方差。此外，在构建组合权重矢量加权方案时还顾及了反射能量。通过对基于方差的加权方案的分析，证实方差确实影响了加权光谱混合分析的性能。然而，直接构建基于方差的方案提高解混精度的能力有限，因此方差还需要与其他指标相结合，以构建有效的加权方案。

6.1.4.2 基于信息/能量的加权方案

一些端元对特定波段更加敏感，因为高度反射的地表特征对光谱混合分析结果的贡献更大[135]。基于该假设，可以由波段信息/能量组成加权方案。一些学者通过评估像元对提高空间分辨率的贡献来构建加权矢量[144]，其他一些学者也承认光谱特征是影响加权方案构建的关键因素[137]。一些波段可以被视为"优秀"波段，因为它们可以清晰地区分两个土地覆盖类型，并且在边界上提供了显著的边缘线。因此，这些波段被分配到了更高的加权分数[137]。然而，除 Somers 等[135]的反射能量固定权重矢量和组合权重矢量外，这些加权方案未用于光谱混合分析。此外，本章中检验的基于信息的加权方案并没有显著的改进。当然，一些反射能量固定权重矢量测试比未加权方案执行得更好，但配对样本 T 检验结果并未显示两者之间有任何显著差异。其他基于信息/能量的方案，如均值，也没有明显的改进。高反照率不透水面和低反照率不透水面以及所有样本构建的反向最优指数因子的加权方案与均值具有相似的结果。然而，植被样本构建的反向最优指数因子则强调了提高光谱混合分析精度的能力。这可能是由于与其他土地覆盖类型相比，植被的可变性较小。它们在蓝、红波段有明显的低光谱反照率，在绿波段有一个小的峰值，在近红外和短波红外波段有很高的反照率，与植被相比，不透水面的反照率变化更大。

6.1.4.3 端元选择的不确定性

与 Chang 和 Ji[134]和 Somers 等[135]的研究不同，这项研究使用不同的光谱作为端元，通过 100 个测试，检验了当前和潜在的加权方案。尽管一些研究已经将几种加权方案与未加权方案进行比较[134,135]，但他们仅基于一次测试。然而，端元的选择可能会带来很多不确定因素。研究人员根据他们的背景选择潜在的端元：有的从光谱库中选择光谱，有的就地测量光谱反照率，还有的从图像中选择端元。

他们可能会选择不同的光谱作为端元，即使他们使用相同的数据源在同一研究区工作。而且端元选择是光谱混合分析中最重要的步骤之一，不同的光谱作为端元可以直接影响解混结果。在这种情况下，其他研究人员不能重复之前的研究结果，因为他们使用了不同的光谱作为端元。为了避免端元选择的不确定性，我们使用随机选择的相应光谱库中的光谱，对相同的加权方案和未加权方案进行了 100 次测试。100 次重复测试可以覆盖大部分潜在的端元的选择。因此，它们的结果可以反映每种加权方案的真实性能，所以加权光谱混合分析的结果更有意义且更可靠。

6.2 基于光谱转换的不透水面提取模型与不确定性分析

光谱混合分析在遥感领域的应用越来越受到人们的关注，特别是对于中、低空间分辨率的图像.光谱混合分析方法假设混合像元由几种纯净土地覆盖类型（端元）构成，其目的是利用光谱混合模型提取一个像元内的土地覆盖丰度。光谱混合分析的结果是有物理意义的丰度，而不是可能性。因此，它被广泛应用于森林服务[145]、城市规划和管理[146,147]、土地利用和土地覆盖变化[148,149]、水质管理[150]、地质学[151]等领域。

由于物理结构和大气环境的不同，特定地表物质的光谱特征在不同的地点和时期可能会有所不同，而不同物质的光谱特征可能是相似的。前面的缺点称为类内可变性，表示类内的光谱差异。后面的缺点称为类间可变性，即不同类之间的光谱相似性。类内变异大、类间变异小是遥感图像分类中光谱混淆的主要原因。

许多技术，包括光谱加权、迭代混合分析、光谱特征选择、光谱建模和光谱转换，都可以用来解决光谱变异性[14]。在光谱混合分析中，光谱转换是解决光谱变异性问题的一种广泛应用的方法，它将原始光谱以线性和非线性的形式改变，主要目的是增强光谱特性。随着光谱的增强，光谱变异性将在同一类内降低，而在不同类别之间增加。

许多学者在其遥感应用中都采用了光谱转换。Wu[152]提出了一种归一化光谱混合分析方法（NSMA）来提取俄亥俄州哥伦布市的土地利用和土地覆盖信息。用每个波段反照率除以所有波段的平均反照率，结果表明，该方法能有效地抑制和改善图像的亮度变化。在估算植被和土壤的比例之前，Asner 和 Lobell[153]应用了潮汐光谱变换，用所有其他波段的反照率减去潮汐波段（点）。他们认为，利用潮汐光谱可以压缩土壤湿度、冠层结构、叶和凋落物面积指数以及组织光学的显著变化，从而使解译过程获得更高输出精度。Youngentob 等[38]假设包络线去除（CR）分析可以通过突出归一化光谱上的个体吸收特征来促进类可分性。他们检查了使用高光谱数据的包络线去除分析的性能，结果显示总体精度有所提高。主成分分析（PCA）[154]、最小噪声分量变换[155]、缨帽变换[156]和独立成分分析（ICA）[157]在应用光谱混合分析之前通常用于地表特征增强。这些变换的不同输出层突出了不同土地覆盖类型的光谱特征。许多研究人员利用这些变换技术来辅助端元的选择以及降低光谱的类内变异性和增强类间的变异性。此外，通常还使用不同的空间滤波器，如低通滤波（LP）、高通滤波（HP）、高斯高通滤波（GHP）、高斯低通滤波（GLP）来增强光谱特性的边缘或平滑遥感图像的。

光谱转换可以分为两类：线性变换与非线性变换。许多学者应用了光谱转换，但在研究中很少讨论线性的影响。线性变换将保持变量之间的线性关系，而非线性变换将改变变量之间的线性关系。一些研究人员指出，非线性变换可能不利于线性光谱混合分析，因为它可能会降低丰度估计的精度[158]。然而，这并不意味着将非线性变换应用于非线性谱变换就能保证改进效果，线性或非线性变换方案的选择仍然不清楚。

虽然许多研究人员将光谱转换应用于遥感中，但目前还没有一项研究系统地考察所有的光谱转换。尤其是研究人员们都仅根据他们的项目需求或他们自己的知识，在应用中采用不同的转换方案。因此，所有转换方案的优点和局限性仍无法判断，具有讨论转换方案应用的必要性，而且对于如何选择转换后的方案，目前还没有一个明确的标准。因此，本章的目的有：①检验应用光谱转换后的光谱混合分析结果是否有显著差异；②找出哪种光谱转换效果更好；③讨论如何在特定的景观中选择变换方案。

6.2.1　典型研究区和数据源

本项研究调查了 3 个城市，包括威斯康星州的简斯维尔、北卡罗来纳州的阿什维尔和俄亥俄州的哥伦布（图 6-5）。简斯维尔位于密歇根湖西岸，是温带大陆性湿润气候，冬天夜晚较长，夏天更为凉爽，主要景观是平原。阿什维尔是北卡

罗来纳州西部最大的城市。它位于蓝岭山脉，斯旺纳诺阿河和佛兰西布罗德河汇
合于其山下。阿什维尔的气候是亚热带湿润气候，冬天凉爽，与其他东部城市相
比夏季温度不高，山地特征很明显，住宅楼是根据当地的地形地势建造的，而哥
伦布（俄亥俄州最大的城市）的地形相对平坦。和简斯维尔一样，它的气候是温
带大陆性湿润气候，冬天干燥且冷，夏季闷热。这 3 个研究区的景观相似，主要
被商业建筑、高速公路、停车场、居民区、土壤和植被（树木和草地）占据。

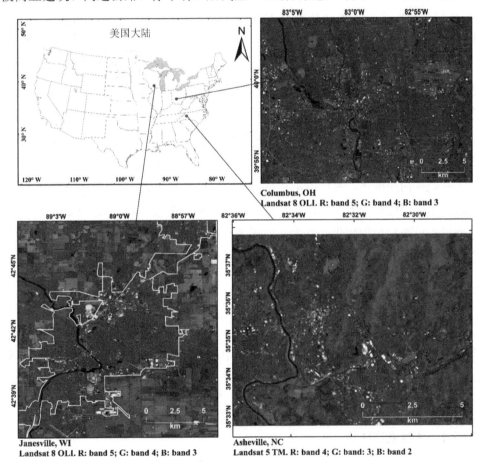

图 6-5　威斯康星州（Wisconsin，WI）简斯维尔（Janesville）、北卡罗来纳州（North Carolina，
　　　　NC）阿什维尔（Asheville）和俄亥俄州（Ohio，OH）哥伦布（Columbus）研究区

本章使用了 2015 年 9 月 14 日获取的俄亥俄州哥伦布市 Landsat 8 OLI 影像、2014 年 6 月 3 日获取的威斯康星州简斯维尔 Landsat 8 OLI 影像和 2009 年 6 月 2 日获取的北卡罗来纳州阿什维尔 Landsat 5 TM 影像。图像预处理包括辐射定标、对应参数的 FLAASH（Fast Line-of-sight Atmospheric Analysis of Hypercube）大气校正、重投影到 UTM（Universal Transverse Mercator）（Janesville：16 区；Asheville 和 Columbus：17 区）。在 Google earth 上获取高分辨率图像（哥伦布：2015 年 8 月 22 日；简斯维尔：2014 年 6 月 12 日；阿什维尔：2009 年 5 月 30 日）用于精度验证。

实验在相应的 Landsat 影像中选取了植被、高反照率不透水面、低反照率不透水面和土壤 4 个土地覆盖类型。它们是在高分辨率影像的辅助下收集，以避免选择错误的像元。植被、高反照率不透水面、低反照率不透水面和土壤在简斯维尔、阿什维尔和哥伦布这 3 个研究区的训练样本均为 50 个，训练样本集用于相应的光谱库构建。

我们在简斯维尔、阿什维尔和哥伦布研究区分别选取了 44 个、60 个和 50 个测试样本来评估每个方案的性能。每个测试样本为 3 像素×3 像素（90 m×90 m），避免了重投影和数据采集带来的几何误差影响。通过对高分辨率影像中的不透水面进行数字化处理，计算出测试样本的不透水面面积。

6.2.2　基于光谱转换的不透水面提取

在本章中，检查了 13 个线性和 13 个非线性变换方案以及 1 个未变换方案。选择这些方案的主要原因是它们都是文献中最常见的方案。许多商业软件包，如 ERDAS 和 ENVI，都嵌入了这些模型，研究人员可以很容易地在他们的许多应用程序中实施这些变换后的方案。

6.2.2.1　线性光谱转换

本章研究了 7 种线性光谱转换，即导数分析、主成分分析、独立成分分析、最小噪声分离、缨帽变换、波段归一化（BN）以及离散小波变换（DWT）[158-160]。这些方法的详细说明如下。

导数分析对曲线形状敏感，对反照率尺度不敏感。有了这个优势，导数分析可以很好地消除由云层覆盖范围、太阳高度角和地形地势引起的背景信号和光照效果[161]，特别是高阶导数分析。一阶导数分析可以表示为式（6-17）。

$$\left.\frac{\mathrm{d}R}{\mathrm{d}\lambda}\right|_i \approx \frac{R_{\lambda_i} - R_{\lambda_j}}{\Delta\lambda} \tag{6-17}$$

式中，$\mathrm{d}R/\mathrm{d}\lambda|_i$ 表示波长 λ_i 处的一阶导数；$\Delta\lambda = \lambda_i - \lambda_j$，是两个连续波段之间的差值，其中 $\lambda_i > \lambda_j$；R_{λ_i} 和 R_{λ_j} 分别是波段 λ_i 和 λ_j 的光谱反照率。同理，二阶导数和三阶导数公式为式（6-18）和式（6-19）。

$$\left.\frac{\mathrm{d}^2R}{\mathrm{d}\lambda^2}\right|_j \approx \frac{R_{\lambda_i} - 2R_{\lambda_j} + R_{\lambda_k}}{(\Delta\lambda)^2} \tag{6-18}$$

$$\left.\frac{\mathrm{d}^3R}{\mathrm{d}\lambda^3}\right|_k \approx \frac{R_{\lambda_i} - 3R_{\lambda_j} + 3R_{\lambda_k} - R_{\lambda_l}}{(\Delta\lambda)^3} \tag{6-19}$$

其中，$\lambda_i > \lambda_j > \lambda_k > \lambda_l$。

独立成分分析是一种用于电信号分析的盲源分离工具。与主成分分析不同，独立成分分析基于具有高阶统计量的独立源的非高斯假设来提取非高斯数据集中的聚焦特征[157,162]。一种常见的独立成分分析包括 3 个步骤：①利用均值、特征矢量和特征值对样本数据进行居中和白化，将主成分分析用于数据白化；②采用负熵最大化作为白化样本来估计独立成分分析转换矩阵；③使用独立成分分析转换矩阵对原始数据进行变换[157,162]。

最小噪声分离变换与主成分分析一样，是分离噪声和降低数据维数的方法[155,163]。最小噪声分离是在主成分分析的基础上改进而来的，包括两个步骤。第一步称为噪声白化。它利用主成分分析中的噪声协方差矩阵对数据中的噪声进行去相关和重定标操作。第二步是根据第一步的结果再次进行转换。每个成分的权重由所有原始波段提供，因此特定信道信息可以在最小噪声分离中保持。大多数方差可以在前 3 个成分中解释，而其余成分主要是由噪声造成的[164]。

主成分分析常用于遥感图像分析，以产生不相关输出波段。它可用于降低数据集的维数，并将噪声与主成分分开[154]，其目的是创建一组能够最大化数据方差的新的正交轴，使得原始数据集波段在多光谱和高光谱图像中相互关联。主成分分析将原始的相关数据压缩成几个不相关的变量，称为主成分。变量个数随着成分个数的增加而减少。通常，主成分分析的前3个成分贡献了原始数据集中90%以上的变量。

缨帽变换（TC）将原始数据正交变换到三维空间[165]，包括亮度、绿度和湿度[156]。如果数据集中是 Landsat 7 ETM+数据，则结果将包含另外 3 个输出波段，如第四、第五和第六。第一个缨帽变换波段与图像的整体亮度有关；第二个输出波段对应绿度；第三个波段表示地表湿度。缨帽变换最初的设计目的是最大限度地分离不同生长状态的植被。

波段归一化（BN）线性地重新分配每个波段中的像素值的范围，在拉伸输出中呈现出较好的对比信息。波段归一化包括两个步骤：①求出一个波段的最大值和最小值；②用式（6-20）计算每个像素。波段归一化后，浅色材料将显示为更亮，而暗区显示为更暗，从而提高目视解译的效果。

$$\text{BN}_k = (R_k - R_{k,\min}) / (R_{k,\max} - R_{k,\min}) \qquad (6\text{-}20)$$

式中，BN_k 是 k 波段的波段归一化值；R_k 是 k 波段的原始光谱反照率；$R_{k,\max}$ 和 $R_{k,\min}$ 分别是 k 波段的最大值和最小值。

离散小波变换（DWT）可以通过快速小波变换（FWT）来实现[158-160]。母波由滤波器库中的一组高通和低通滤波器表示。起初，原始图像信号通过滤波器库。高通滤波的结果称为细节系数，低通滤波的结果称为近似系数。在单步离散小波变换中，原始信号经过滤波器一次。通过使用近似系数并将其他系数设置为零，可以很好地重建图像。在这项研究中，仅使用不同的小波执行单级分解，如 bior1.1（DWT1）、coif1（DWT2）、db1（DWT3）、rbio1.1（DWT4）和 sym2（DWT5）。

6.2.2.2　非线性光谱转换

除线性光谱转换方法外，我们还研究了 4 种主要的非线性转换技术（表 6-8），包括包络线去除、空间滤波变换（如低通滤波器、高通滤波器、高斯低通滤波器和高斯高通滤波器）、归一化光谱混合分析和潮汐光谱（Tie）变换。

包络线去除是光谱反照率归一化的一种方法。在这个过程中，直线段将局部光谱的每个峰连接起来，构成一个凸包。在包络线去除数据中，将局部光谱的第一个和最后一个峰值设置为 1，而将原始光谱曲线中的其他数据点指定为小于 1。

它可以增强光谱曲线的吸收特征，消除了坡度影响、地形地势、光照和粒度效应。包络线去除可以表示为式（6-21）。

$$CR_k = R_k / C_k \qquad (6\text{-}21)$$

式中，CR_k 是 k 波段的包络线去除光谱；R_k 是 k 波段的原始光谱反照率；C_k 是 k 波段相应的连续光谱曲线值。

空间滤波是另一种类型的光谱转换。通常需要 3×3 或 5×5 的移动窗口来构造滤波器。原始像元的中心值由具有像元值及其对应的滤波器值（移动窗口值）的计算结果代替。滤波器可以定义为高通或低通，突出强调相应的频率，抑制其他频率。如果将滤波器定义为高通，则光谱反照率变化剧烈的粗糙区域将被增强，而平滑区域将被压缩。低通滤波器则强调平滑区域，而不是粗糙区域。遥感中常采用低通滤波器、高通滤波器、高斯低通滤波器和高斯高通滤波器来增强相应的地表特征。

归一化混合光谱分析是由 Wu[152]提出的，是用反照率除以所有波段中相应像素的平均值。通过归一化混合光谱分析可以消除或降低亮度，提高城市土地覆盖类型的可分性。它可以通过式（6-22）计算。

$$NSMA_k = R_k / u \times 100 \qquad (6\text{-}22)$$

式中，$NSMA_k$ 是 k 波段的归一化值；R_k 是 k 波段的原始反照率；u 是对应像元的平均反照率，$u = (1/b) \times \sum_{k=1}^{b} R_k$；$b$ 是波段数。

潮汐光谱变换是由 Asner 和 Lobell[153]提出的。他们使用 2 080 nm 的波段作为连接点，然后所有其他波段减去连接点就得到了连接点转换结果。结果表明，潮汐光谱可以减小土壤湿度、叶和凋落物面积指数、组织光学和冠层结构引起的变化。然而，在他们的研究中只检查了短波红外波段。探索城市和郊区可见光波段和近红外波段的潜在连接点仍有重要意义。因此，将所有波段视为潜在的连接点，并分别计算每个连接点的转换。

表 6-8　光谱转换

转换	线性度	参考文献
DA（1～3）	线性	Tsai 和 Philpot[161]
ICA	线性	Hyvarinen[162]
MNF	线性	Green 等[155]
PCA	线性	Richards 和 Richards[154]
TC	线性	Kauth 和 Thomas[165]
BN	线性	
DWT（1～5）	线性	Vetterli 和 Herley[159]、Strang 和 Nguyen[160]
CR	非线性	Kruse[166]
GHP、GLP、HP、LP	非线性	
NSMA	非线性	Wu[152]
Tie（1～7）	非线性	Asner 和 Lobell[153]

原始数据经 26 个转换方案（如 DA1～3、ICA、MNF、PCA、TC、BN、CR、GHP、GLP、HP、LP、NSMA、Tie1～7 和 DWT1～5）在 3 个研究区（简斯维尔、阿什维尔和哥伦布）获得转换结果。采用 V-ISAH-ISAL-S 模型对变换前后的数据进行完全约束线性光谱混合分析，使用在相应光谱库中随机选择的光谱对每个方案进行 100 次测试。

6.2.2.3　平均绝对误差比较

平均绝对误差是根据估计的不透水面分数和参考的不透水面分数之间的比值来计算的，用来评价每种变换方案的性能。不透水面的估计分数由同一像元中的高反照率不透水面分数和低反照率不透水面分数之和计算而来。应用箱型图可以详细描述各方案的平均绝对误差分布，可以采用极差、最大值、最小值、均值、标准差等统计方法。箱型图可以用分位数来揭示平均绝对误差的分布，可以在框图中绘制平均绝对误差的 25%、50%和 75%。

由于箱形图只描述了每个方案的分布，且并未对每个测试的性能进行比较，所以转换方案和未转换方案之间的区别仍然不明确。因此，使用配对样本 T 检验来检验转换方案和未转换方案之间的光谱混合分析均值是否有显著性差异。与方差分析（ANOVA）不同，配对样本 T 检验通过测试逐个比较差异，可以显示每个测试的不同之处。平均差是用未变换的平均绝对误差减去变换后的方案的平均绝对误差来计算的。正值表示未变换方案的平均绝对误差大于变换方案，负值表示相反的结果。此外，还统计了改进测试的数量以及它们的改进百分比，以证明它们的性能。

Landsat 8 OLI 比 Landsat 5 TM 图像多一个波段，OLI 的第二波段与 TM 的第一波段相匹配。因此，阿什维尔（Landsat 5 TM）的潮汐光谱变换从 Tie2 开始命名，以匹配简斯维尔和哥伦布的相同 Tie2（Landsat 8 OLI）。

每种变换方案的平均绝对误差的范围和标准差可以表示稳定性（表 6-9）。研究区范围较大意味着性能相对不稳定，其他研究区的区域特征与这 3 个研究区有很大的差别。一些方案在一个研究区显示为小范围，而在其他研究区则显示为大范围（研究区之间的范围差异大于 0.1），如 CR、GHP、LP、Tie1、Tie5 和 DWT2。其他方案，如未变换方案 DA2、DA3、ICA、PCA、GLP、Tie3、Tie4、Tie6 和 Tie7，表现出稳定的性能，因为它们在 3 个研究区之间的范围差异小于 0.05。

表 6-9　3 个研究区内平均绝对误差的分布

方案	简斯维尔					阿什维尔					哥伦布				
	Range	Min	Max	Mean	SD	Range	Min	Max	Mean	SD	Range	Min	Max	Mean	SD
Original	0.15	0.07	0.22	0.11	0.03	0.18	0.05	0.23	0.11	0.04	0.17	0.10	0.26	0.14	0.03
DA1	0.19	0.07	0.26	0.12	0.03	0.15	0.04	0.20	0.09	0.04	0.12	0.09	0.21	0.12	0.03
DA2	0.16	0.08	0.24	0.12	0.03	0.19	0.04	0.23	0.09	0.03	0.15	0.08	0.23	0.13	0.03
DA3	0.14	0.08	0.22	0.12	0.03	0.17	0.04	0.21	0.10	0.04	0.16	0.08	0.24	0.14	0.03
ICA	0.16	0.07	0.23	0.12	0.03	0.19	0.05	0.24	0.12	0.05	0.16	0.07	0.23	0.12	0.03
MNF	0.18	0.07	0.25	0.12	0.03	0.15	0.05	0.20	0.10	0.04	0.10	0.07	0.17	0.11	0.02
PCA	0.16	0.07	0.24	0.11	0.03	0.18	0.05	0.22	0.11	0.04	0.17	0.09	0.26	0.14	0.03
TC	0.16	0.07	0.23	0.11	0.03	0.20	0.05	0.25	0.11	0.05	0.13	0.09	0.22	0.14	0.03
BN	0.17	0.08	0.25	0.14	0.04	0.25	0.05	0.30	0.12	0.06	0.19	0.10	0.29	0.15	0.04
CR	0.22	0.08	0.30	0.20	0.06	0.28	0.06	0.34	0.14	0.06	0.10	0.08	0.18	0.11	0.02
GHP	0.22	0.10	0.33	0.18	0.05	0.33	0.13	0.47	0.21	0.06	0.23	0.17	0.40	0.25	0.05
GLP	0.16	0.08	0.23	0.11	0.04	0.16	0.05	0.21	0.11	0.04	0.20	0.09	0.28	0.13	0.04
HP	0.25	0.11	0.36	0.18	0.05	0.30	0.14	0.43	0.21	0.05	0.23	0.15	0.39	0.25	0.05
LP	0.33	0.08	0.41	0.12	0.06	0.23	0.05	0.28	0.12	0.05	0.17	0.09	0.25	0.13	0.04
NSMA	0.12	0.06	0.18	0.10	0.03	0.18	0.05	0.23	0.09	0.04	0.13	0.08	0.21	0.12	0.02

方案	简斯维尔					阿什维尔					哥伦布				
	Range	Min	Max	Mean	SD	Range	Min	Max	Mean	SD	Range	Min	Max	Mean	SD
Tie1	0.18	0.08	0.26	0.13	0.04						0.29	0.09	0.38	0.14	0.04
Tie2	0.17	0.08	0.25	0.12	0.04	0.20	0.05	0.25	0.11	0.05	0.23	0.09	0.32	0.15	0.04
Tie3	0.15	0.08	0.23	0.12	0.03	0.19	0.05	0.24	0.10	0.04	0.16	0.07	0.23	0.13	0.03
Tie4	0.15	0.08	0.23	0.11	0.03	0.14	0.05	0.18	0.09	0.03	0.17	0.08	0.25	0.14	0.03
Tie5	0.17	0.08	0.24	0.11	0.03	0.28	0.05	0.33	0.10	0.04	0.19	0.07	0.26	0.13	0.03
Tie6	0.18	0.08	0.26	0.12	0.04	0.15	0.05	0.20	0.10	0.04	0.15	0.09	0.24	0.14	0.03
Tie7	0.15	0.09	0.24	0.12	0.03	0.19	0.05	0.24	0.10	0.04	0.15	0.08	0.23	0.15	0.03
DWT1	0.29	0.08	0.38	0.13	0.05	0.20	0.05	0.24	0.11	0.04	0.20	0.08	0.29	0.13	0.04
DWT2	0.27	0.08	0.35	0.13	0.05	0.16	0.05	0.21	0.12	0.04	0.21	0.09	0.30	0.15	0.04
DWT3	0.27	0.08	0.35	0.13	0.05	0.17	0.05	0.22	0.11	0.04	0.18	0.10	0.28	0.14	0.04
DWT4	0.17	0.08	0.25	0.12	0.03	0.26	0.05	0.31	0.12	0.05	0.18	0.09	0.27	0.14	0.04
DWT5	0.25	0.08	0.32	0.12	0.05	0.28	0.06	0.33	0.12	0.05	0.18	0.09	0.26	0.13	0.04

然而，平均绝对误差的范围和标准差仅说明了稳定性，并未没有说明性能的优异。均值在一定程度上意味着一个方案的平均性能，除 CR、GHP、HP 和 Tie1 方案（平均绝对误差差值大于 0.05）外，大部分变换方案的平均绝对误差均值与未变换方案相似。遗憾的是，CR、GHP、HP 和 Tie1 的平均绝对误差均值比未变换的方案大 0.05。特别是，GHP 和 HP 在所有研究领域的平均绝对误差均值都大于未变换的方案，表明它们的性能较差。

在简斯维尔，约 50% 的未转换方案的（原始）平均绝对误差小于 0.11（图 6-6）。其他方案，如 PCA、TC、GLP、LP、Tie4、Tie5、Tie7、DWT1～5，都有类似的测试次数，它们的平均绝对误差小于 0.11。归一化光谱混合分析平均绝对误差小于 0.11 的比例较高，超过 60%，平均绝对误差小于 0.11。DA1～3、ICA、BN、Tie1～3 和潮汐光谱变化方案的平均绝对误差小于 0.11，试验次数略少。其余的转换方案，如 BN、CR、GHP 和 HP，几乎所有测试的平均绝对误差都大于 0.11，表明它们会削弱 SMA 结果。

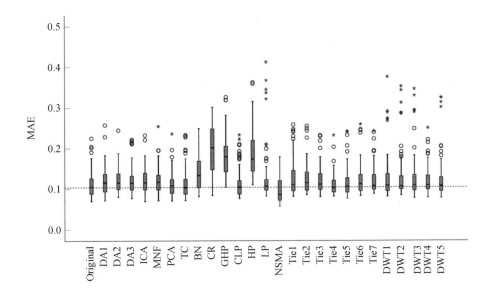

图 6-6　简斯维尔平均绝对误差的箱型图

　　阿什维尔的平均绝对误差分布通常与简斯维尔不同（图 6-7）。在阿什维尔，平均绝对误差低于 0.1 的比例较高。然而，这些方案的误差范围看起来也比简斯维尔大。未变换方案的平均绝对误差均值约为 0.1，接近简斯维尔的平均绝对误差均值。DA1～3、GLP 和 Tie1～6 方案的性能略好于未变换方案，因为它们的中值小于 0.1。在其他方案中，归一化光谱混合分析的性能是最好的，超过 75% 的平均绝对误差低于 0.10。然而，ICA、CR、GHP、HP 和 DWT2～3 方案会削弱光谱混合分析的性能，导致较高平均绝对误差值的比例较大。

　　未变换方案在哥伦布的平均绝对误差中值约为 0.13（图 6-8），与简斯维尔和阿什维尔相比性能较差。GHP 和 HP 方案在 3 个研究区都显示了极高的平均绝对误差。其他方案，如 DA1～2、ICA、CR、GLP、LP、NSMA、Tie3、Tie5、DWT1、DWT4 和 DWT5，平均绝对误差百分比较高，小于 0.13。特别是，MNF 和 CR 的性能比未变换的方案要好得多，因为它们的平均绝对误差大多小于 0.13。DA3、PCA、TC、Tie1～2、Tie6～7 和 DWT2～3 的平均绝对误差分布与未变换方案相似。

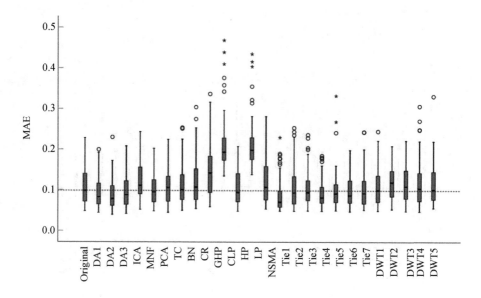

图 6-7　阿什维尔平均绝对误差的箱型图

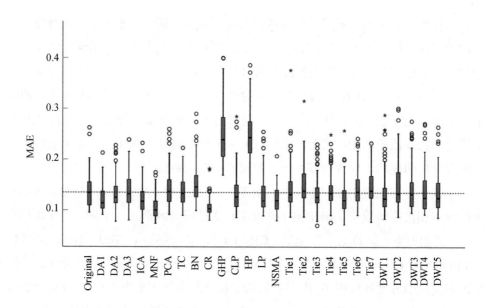

图 6-8　哥伦布平均绝对误差的箱型图

只有归一化光谱混合分析有改善，在 3 个研究区中其平均绝对误差均值均低于未变换方案。配对样本 T 检验结果表明（表 6-10），归一化光谱混合分析方案与未变换方案的 p 值均小于 0.05，差异显著。一些方案，如 DA1~2、MNF、GLP 和 Tie3~5，与未变换方案相比，在两个研究区的平均绝对误差均值略低，但在另一个研究区的平均绝对误差均值较大。然而，配对样本 T 检验不能显示显著差异，因为许多转换方案的 p 值都大于 0.05。DA1~3、CR、NB、Tie4 和 Tie 6~7 只在一个研究区域表现较好，在其他两个区域削弱了 SMA 结果。其他转换方案，如 TC、BN、GHP、HP、Tie1 和 DWT2~4 都降低了精度，在 3 个研究区的平均差异都是负值。然而，除 BN、GHP 和 HP 外，未变换方案和变换方案之间的显著差异不能确定，因为它们的 p 值大于 0.05。

此外，我们统计了每个方案的改进测试次数以及平均改进百分比。通常情况下，阿什维尔研究区的变换方案比其他两个研究区域执行得更好，因为改进的测试数量通常大于其他两个区域，如 DA2~3、NSMA、Tie2、Tie4、Tie 6~7 的方案。在简斯维尔、阿什维尔和哥伦布，归一化光谱混合分析比未改造的方案执行得更好，分别有 67%、69% 和 62% 的测试具有较低的平均绝对误差。包络线去除的性能非常不稳定，改进后的测试数量差别很大，在简斯维尔、阿什维尔和哥伦布分别有 11 个、32 个和 87 个。仅有少数 GHP 和 HP 的测试结果优于未变换方案，每种方案的改进率都比较高，许多转换后的方案在改进的测试中存在超过 30% 的改进。

表 6-10 配对样本 T 检验结果及对比

| 方案 | 配对样本 T 检验 | | | | | | 改进测试的数量 | | | 改进百分比/% | | |
| | 平均差异 | | | Sig.（2-tailed） | | | | | | | | |
	简斯维尔	阿什维尔	哥伦布	简斯维尔	阿什维尔	哥伦布	简斯维尔	阿什维尔	哥伦布	简斯维尔	阿什维尔	哥伦布
DA1	−0.008	0.015	0.012	0.054	0.011	0.003	38	58	66	28.0	47.3	23.8
DA2	−0.008	0.020	0.002	0.043	0.001	0.618	36	67	53	29.3	54.9	27.2
DA3	−0.009	0.012	−0.003	0.059	0.058	0.429	40	59	46	31.0	58.5	23.1
ICA	−0.009	−0.015	0.014	0.031	0.024	0.002	37	37	59	28.0	55.0	29.6
MNF	−0.009	0.007	0.030	0.069	0.219	0.000	45	52	79	28.4	43.2	35.3

| 方案 | 配对样本 T 检验 | | | | | | 改进测试的数量 | | | 改进百分比/% | | |
| | 平均差异 | | | Sig.（2-tailed） | | | | | | | | |
	简斯维尔	阿什维尔	哥伦布	简斯维尔	阿什维尔	哥伦布	简斯维尔	阿什维尔	哥伦布	简斯维尔	阿什维尔	哥伦布
PCA	0.001	−0.001	−0.006	0.894	0.864	0.208	49	47	41	29.2	53.0	32.2
TC	−0.001	−0.002	−0.001	0.908	0.763	0.890	52	49	49	28.6	46.5	21.5
BN	−0.028	−0.014	−0.016	0.000	0.050	0.002	25	44	40	26.0	44.6	22.8
CR	−0.087	−0.036	0.030	0.000	0.000	0.000	11	32	87	26.5	43.6	24.1
GHP	−0.069	−0.102	−0.113	0.000	0.000	0.000	11	6	2	21.7	15.6	48.6
GLP	−0.001	0.001	0.002	0.848	0.912	0.753	55	52	55	26.0	21.2	14.5
HP	−0.073	−0.103	−0.112	0.000	0.000	0.000	10	5	1	19.8	11.1	11.7
LP	−0.013	−0.013	0.005	0.061	0.100	0.318	46	46	59	25.6	24.8	13.5
NSMA	0.015	0.022	0.014	0.001	0.000	0.001	67	69	62	32.8	38.9	29.2
Tie1	−0.014		−0.009	0.003		0.081	37		47	23.6		21.6
Tie2	−0.012	0.002	−0.016	0.009	0.774	0.003	35	54	41	27.3	59.3	6.2
Tie3	−0.008	0.005	0.001	0.051	0.381	0.870	37	52	55	25.3	18.5	18.4
Tie4	0.003	0.016	−0.005	0.544	0.002	0.281	49	58	45	30.4	48.5	22.7
Tie5	−0.002	0.011	0.010	0.623	0.063	0.024	46	57	61	33.1	51.8	25.1
Tie6	−0.009	0.012	−0.008	0.054	0.049	0.093	39	54	46	27.6	57.5	24.9
Tie7	−0.009	0.008	−0.010	0.071	0.152	0.023	44	54	38	28.7	51.1	23.2
DWT1	−0.013	0.000	0.002	0.030	0.977	0.682	43	55	56	27.8	46.4	25.2
DWT2	−0.014	−0.010	−0.013	0.024	0.073	0.018	45	43	35	25.9	37.2	30.7
DWT3	−0.014	−0.007	−0.004	0.027	0.272	0.424	43	45	48	29.0	38.5	25.1
DWT4	−0.007	−0.007	−0.004	0.094	0.294	0.527	40	52	50	25.6	37.0	29.1
DWT5	−0.009	−0.008	0.002	0.133	0.232	0.711	43	44	57	30.3	40.0	23.2

6.2.3　基于光谱转换的不透水面提取模型的不确定性分析

光谱变异性，包括类间变异性和类内变异性，广泛存在于遥感图像中。例如，材料的光谱特性、几何形状和其他环境因素等都可导致光谱反照率的差异[167,168]。这些光谱变异性给图像分类增加了困难，研究人员通过一些方法（如加权光谱混合分析和光谱变换）来减小类内变异和增强类间变异。

虽然许多学者已经将光谱转化应用于其应用程序中，但对于采用哪种变换方案仍未达成共识。本章比较了大多数光谱变换，并将它们应用于 3 个不同的研究区，以测试它们的性能。此外，对不同端元光谱的 100 次重复测试以及在不同地区的测试可以揭示每个方案的可靠性。简斯维尔、阿什维尔和哥伦布相距甚远。居民区、商业区、土壤、树木和草地是每个研究区的主要土地要素类型。这些区域可以看作美国典型的城市和郊区环境。因此，用相同的端元模型对这 3 个研究区进行比较，检验每个变换方案的可靠性是很有意义的。

6.2.3.1 线性还是非线性转换

研究结果表明，线性光谱转换与非线性光谱转换没有显著差异，在光谱混合分析中，不能得出线性（非线性）转换优于非线性（线性）转换的结论。从理论上讲，线性变换保持线性关系，而非线性变换改变线性关系。Li 等[169]指出，当应用非线性小波变换时，线性光谱混合模型（LSMM）的丰度估计精度降低。非线性转换可能有利于非线性混合光谱模型（NSMM）而不是线性光谱混合模型。然而，本章的结果和 Wu（2004）的早期研究结果表明，当研究区域位于市区时，这一结论可能不成立，因为归一化光谱混合分析在这 3 个研究区以及 Wu（2004）的研究中的表现都好于未变换的方案。此外，统计测试也表明他们的差异是显著的。

6.2.3.2 线性转换方案

许多线性光谱转换在每个研究区都有不同的性能，DA1 和 DA2 的结果略逊于 Zhang 等[170]的研究结果，这也可以归因于数据源不同。Zhang 等[170]应用高光谱数据，而本章应用多光谱数据。高光谱数据可以比多光谱图像提供更多的光谱信息，这可能有利于光谱混合分析的分解。然而，Zhang 等[170]没有提供与未变换数据的比较，这使得对导数光谱分解（DSU）性能的评估较难。导数分析通过频谱平滑和特征约简方法去除不必要的信号成分，突出次要的吸收特征，但也会增加忽略基本光谱特征的可能性[38]。不同的位置可能具有不同的基本光谱特征，导数分析在不同的研究区可能会遗漏不同的特征，因此导数分析的表现因地而异。本章结果表明导数分析的性能不稳定，只在某些地区性能较好，而在其他地区的性能则有所减弱。

与 Wang 和 Chang[171]的研究相比，独立成分分析显示了相反的结果，它的性能并不比基于二阶统计量的方法（主成分分析、最小噪声分离等）好。这可能是由于独立成分分析只保存重要的和关键的信息，如异常、端元和小目标，而不是主成分分析和最小噪声分离保留的方差[171]。然而，对于独立成分分析、主成分分析和最小噪声分离，尚没有一个明确的模式，因为研究结果说明它们的表现因地而异。

在本章中，主成分分析、最小噪声分离、缨帽变换和波段归一化的性能并不好。主成分分析根据特征值对各个成分进行评估，而最小噪声分离则使用信噪比（SNR）来对每个成分的重要性进行排序。主成分分析和最小噪声分离的局限性可能是由于 Landsat 影像中的许多细微物质不能被二阶统计量识别[171]，这可能会造成类别之间的混淆。主成分分析、缨帽变换和最小噪声分离的后 3 个波段方差较小，可能会降低类间方差，增加类内方差，增加分类过程中的混乱程度。在光谱混合分析中几乎不需要波段归一化，因为它削弱了 3 个研究区的结果。

离散小波变换的性能与 Li[172]的结果相冲突，本章与 Li 的研究不同之处在于土地覆盖类型、数据源、小波类型和端元模型的不同。Li 采用较高级别的小波类型（如 Db3、Sym3），而本章仅应用较低级别的小波变换（如 Db1、Sym2）。此外，Li[172]的研究中的土地覆盖类型包含了覆盖大豆、大马唐草和土壤的农业用地，且实验中仅测试了 2 个和 3 个端元的模型，而本章使用了一个 4 个端元的模型。Li[172]研究的另一个限制主要是他没有测试未变换的方案，这限制了对离散小波变换如何改进光谱混合分析结果的了解。本章中的配对样本 T 检验表明，较低级别的离散小波变换可能对光谱混合分析不利，因为它们不能提高准确度。

6.2.3.3　非线性转换方案

包络线去除的性能千差万别。哥伦布的结果与 Youngentob 等[38]的结果相似。然而，在简斯维尔和阿什维尔的结果出现了相反的情况。虽然包络线去除通过去除无关的背景反照率和强调感兴趣的吸收特征，在叶片化学浓度估计中取得了良好的效果，但在本章中并没有表现出稳定的性能。这可能是由于城市和居民区树叶与不透水面光谱特性的差异以及光谱反照率的复杂性所致。包络线去除可以扩大波段深度差异，减少植被质量的光谱估计误差[173]。然而，无论是高反照率还是低反照率的不透水面，其变异性都大于植被，这意味着包络线去除也可能扩大类内方差。一些学者指出，认知包络线去除可能会对噪声干扰引入更多的特征，增加同一类的类内变异性[174]，侧面解释了为什么包络线去除削弱了简斯维尔和阿什维尔的光谱混合分析结果。

空间滤波器，特别是高通和高斯高通滤波器，都降低了 3 个研究区的大尺度精度，不适合光谱混合分析。低通和高斯低通滤波器在某些领域的改善有限。然而，统计检验并不能表明其重要性。因此，空间滤波器可以代替光谱混合分析用于边缘检测或图像平滑。

归一化光谱混合分析可以有效地解决不透水面与土壤之间的混淆问题。归一化光谱混合分析处理后，土壤与不透水面的类间方差增大，而且通过亮度归一化可以消除阴影的影响，这两个方面都可以提高光谱混合分析的精度。简斯维尔和阿什维尔的景观与哥伦布相似，归一化光谱混合分析在这 3 个研究区的性能相似，证明了归一化光谱混合分析在城市和郊区环境中的稳定性。

6.2.3.4 转换后变化

许多变换方案的目标是最小化类内方差和增大类间方差，可没有明确指标来量化类间和类内方差的变化。为此，本章构建了一个类间和类内方差指数（BWVI）来研究类内和类间方差的变化。BWVI 是类间差异和类内差值之和与总方差之和的比率。从理论上讲，类间方差越大且类内方差越小时，BWVI 值越高。BWVI 可以表示为式（6-23）。

$$\text{BWVI} = \sum_{k}^{b} (\frac{Bv_k - Wv_k}{Tv_k}) \qquad (6\text{-}23)$$

式中，$Bv_k = \sum_{j}^{n} m_j (\bar{R}_{k,j} - \bar{R}_k)^2$，$Wv_k = \sum_{j}^{n} \sum_{i}^{m_j} (R_{k,ij} - \bar{R}_{k,j})^2$，$Tv_k = Bv_k + Wv_k$，$\bar{R}_{k,j}$ 是端元 j 的样本在波段 k 中的平均反照率；$\bar{R}_k$ 是所有端元的样本在波段 k 中的平均反照率；b 是波段数；Bv_k、Wv_k 和 Tv_k 是波段 k 中的类间方差、类内方差和总类方差；m 是样本数。

6.2.3.5 选择哪种转换

比较 3 个研究区类间和类内方差指数与平均绝对误差均值的关系，回归表明这两个参数之间存在显著的线性关系。在简斯维尔、阿什维尔和哥伦布的 p 值分别为 0.049、0.043 和 0.000（表 6-11、图 6-9～图 6-11）。此外，3 个研究区的线性模型具有相似的模式。在所有研究区中，常量值均为正值，$b1$ 值均为负值。相应参数的范围接近，表明 BWVI 与平均绝对误差之间的关系是可靠的。

表 6-11　线性回归汇总

研究区	模型总结					参数估计	
	R^2	F	df1	df2	Sig.	常数	b1
简斯维尔	0.147	4.291	1	25	0.049	0.136	−0.004
阿什维尔	0.159	4.550	1	24	0.043	0.124	−0.006
哥伦布	0.567	32.765	1	25	0.000	0.166	−0.008

注：因变量：平均绝对误差；自变量：BWVI；df1：自由度 1；df2：自由度 2；Sig.：置信度。

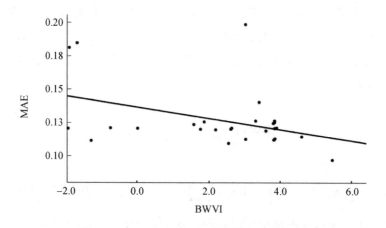

图 6-9　简斯维尔平均绝对误差和 BWVI 的散点

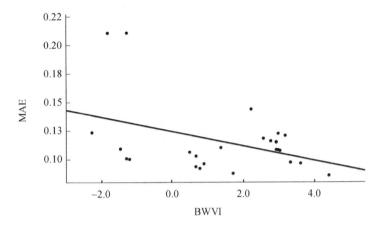

图 6-10　阿什维尔平均绝对误差和 BWVI 的散点

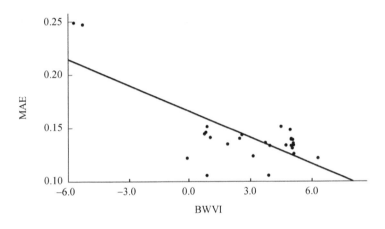

图 6-11　哥伦布平均绝对误差和 BWVI 的散点

根据 BWVI 和平均绝对误差之间的关系，可以决定在特定的区域内选择哪种变换。具有较高 BWVI 值的转换方案将有较高的可能性获得较低的平均绝对误差，因此，如果变换后的方案具有较高的 BWVI，则其在光谱混合分析中可能表现得更好。在这种情况下，研究人员只需要比较 BWVI 值，而不是计算平均绝对误差来决定在他们的应用中使用哪种方案。通过减少分解计算和平均绝对误差计算来节省大量时间，研究人员可以使用 BWVI 快速找到最准确的方案。

本章分别在简斯维尔、阿什维尔和哥伦布考察了几种线性和非线性转换方案的性能。除归一化光谱混合分析外，许多变换方案在所有 3 个研究区都不能表现出稳定的性能。一些变换方案仅改善了 1 个或 2 个研究区域的光谱混合分析，而削弱了其他区域的精度；一些变换方案削弱了这 3 个研究区的信息提取精度；归一化光谱混合分析在所有 3 个研究区都有明显的改善，配对样本 T 检验也表明归一化光谱混合分析对降低平均绝对误差有重要意义。虽然一些变换方案的平均绝对误差均值比未变换方案的平均绝对误差均值小，但统计检验表明，这些改善并不显著。线性和非线性变换方案在亚像元解译方面各有优缺点，因此，不可能基于线性来选择光谱转换方案。通过计算平均绝对误差来评估变换后方案的性能是非常耗时的，所以本专著构建了一个指标来指导转换方案的选择。结果表明，BWVI 值与平均绝对误差呈线性负相关，较大的 BWVI 值获得较低平均绝对误差的可能性较高。研究人员可以用 BWVI 替代平均绝对误差来决定是否有必要在光谱混合分析中应用谱变换，通过减少解译计算的次数来节省大量时间和工作量。

参考文献

[1] Hansen M C，Defries R S. Detecting long-term global forest change using continuous fields of tree-cover maps from 8-km advanced very high resolution radiometer（AVHRR） data for the years 1982-99[J]. Ecosystems，2004，7（7）：695-716.

[2] De Jong S M，Van Der Meer F. Remote sensing image analysis：Including the spatial domain[M]. Dordrecht，the Netherlands：Springer Science & Business Media，2004.

[3] Arbiol R，Zhang Y，Palà V. Advanced classification techniques：a review[J]. Revista Catalana de Geografia，2007，12（4）.

[4] Ling F，Du Y，Xiao F，et al. Subpixel land cover mapping by integrating spectral and spatial information of remotely sensed imagery[J]. Geoscience and Remote Sensing Letters，IEEE，2012，9（3）：408-412.

[5] Eastman J，Laney R. Bayesian soft classification for su b-Pixel analysis：A critical evaluation[J]. Photogrammetric Engineering & Remote Sensing，2002，68（11）：1149-1154.

[6] Foody G M，Campbell N，Trodd N，et al. Derivation and applications of probabilistic measures of class membership from the maximum-likelihood classification[J]. Photogrammetric Engineering and Remote Sensing，1992，58（9）：1335-1341.

[7] Pathirana S，Fisher P F. Combining membership grades in image classification[C]. Technical Papers，1991 ACSM-ASPRS Annual Convention：Photogrammetry and Primary Data Acquisition. Southern Cross University，1991，3：302-311.

[8] Krishnapuram R，Keller J M，Ma Y. Quantitative analysis of properties and spatial relations of fuzzy image regions[J]. Fuzzy Systems，IEEE Transactions on，1993，1（3）：222-233.

[9] Mather P，Tso B. Classification methods for remotely sensed data[M]. London：Taylor & Francis，2016.

[10] Wu C，Murray A T. Estimating impervious surface distribution by spectral mixture analysis[J]. Remote Sensing of Environment，2003，84（4）：493-505.

[11] Deng Y，Fan F，Chen R. Extraction and analysis of impervious surfaces based on a spectral Un-Mixing method using Pearl River Delta of China Landsat TM/ETM+ Imagery from 1998 to 2008[J]. Sensors，2012，12（2）：1846-1862.

[12] Song C. Spectral mixture analysis for subpixel vegetation fractions in the urban environment：How to incorporate endmember variability？[J]. Remote Sensing of Environment，2005，95（2）：248-263.

[13] Roberts D A，Gardner M，Church R，et al. Mapping chaparral in the Santa Monica Mountains using multiple endmember spectral mixture models[J]. Remote Sensing of Environment，1998，65（3）：267-279.

[14] Somers B，Asner G P，Tits L，et al. Endmember variability in spectral mixture analysis：A review[J]. Remote Sensing of Environment，2011，115（7）：1603-1616.

[15] Jia X，Dey C，Fraser D，et al. Controlled spectral unmixing using extended Support Vector Machines[C]. 2010 2nd Workshop on Hyperspectral Image and Signal Processing：Evolution in Remote Sensing，IEEE，2010：1-4.

[16] Lu D，Weng Q. Extraction of urban impervious surfaces from an IKONOS image[J]. International Journal of Remote Sensing，2009，30（5）：1297-1311.

[17] Deng C，Wu C. A spatially adaptive spectral mixture analysis for mapping subpixel urban impervious surface distribution[J]. Remote Sensing of Environment，2013，133：62-70.

[18] Franke J，Roberts D A，Halligan K，et al. Hierarchical multiple endmember spectral mixture analysis（MESMA） of hyperspectral imagery for urban environments[J]. Remote Sensing of Environment，2009，113（8）：1712-1723.

[19] Liu T，Yang X. Mapping vegetation in an urban area with stratified classification and multiple endmember spectral mixture analysis[J]. Remote Sensing of Environment，2013，133：251-264.

[20] DeNavas-Walt C，Proctor B D，Smith J C. Income，poverty，and health insurance coverage in the United States：2012. Current Population Reports P60-245[J]. US Census Bureau，2013.

[21] Module F. Atmospheric correction module：Quac and flaash user's guide[J]. Version，2009，4：44.

[22] Rouse J，Haas R，Schell J，et al. Monitoring vegetation systems in the great plains with

ERTS[C]//Third ERTS Symposium，1973：309-317.

[23] Deng C，Wu C. BCI: A biophysical composition index for remote sensing of urban environments[J]. Remote Sensing of Environment，2012，127：247-259.

[24] Deng Y，Wu C，Li M，et al. RNDSI: A ratio normalized difference soil index for remote sensing of urban/suburban environments[J]. International Journal of Applied Earth Observation and Geoinformation，2015，39：40-48.

[25] Shao Z，Liu C. The integrated use of DMSP-OLS nighttime light and MODIS data for monitoring large-scale impervious surface dynamics: A case study in the Yangtze River Delta[J]. Remote Sensing，2014，6（10）：9359-9378.

[26] Zhang J. Multi-source remote sensing data fusion: Status and trends[J]. International Journal of Image and Data Fusion，2010，1（1）：5-24.

[27] Melgani F，Bruzzone L. Classification of hyperspectral remote sensing images with support vector machines[J]. Geoscience and Remote Sensing，IEEE Transactions on，Geoscience and Remote Sensing，2004，42（8）：1778-1790.

[28] Mountrakis G，Im J，Ogole C. Support vector machines in remote sensing: A review[J]. ISPRS Journal of Photogrammetry and Remote Sensing，2011，66（3）：247-259.

[29] Elmore A J，Mustard J F，Manning S J，et al. Quantifying vegetation change in semiarid environments: Precision and accuracy of spectral mixture analysis and the normalized difference vegetation index[J]. Remote sensing of environment，2000，73（1）：87-102.

[30] Quintano C，Fernández-Manso A，Roberts D A. Multiple Endmember Spectral Mixture Analysis（MESMA）to map burn severity levels from Landsat images in Mediterranean countries[J]. Remote Sensing of Environment，2013，136：76-88.

[31] Roberts D A，Quattrochi D A，Hulley G C，et al. Synergies between VSWIR and TIR data for the urban environment: An evaluation of the potential for the Hyperspectral Infrared Imager（HyspIRI）Decadal Survey mission[J]. Remote Sensing of Environment，2012，117：83-101.

[32] Okujeni A，Van Der Linden S，Tits L，et al. Support vector regression and synthetically mixed training data for quantifying urban land cover[J]. Remote Sensing of Environment，2013，137：184-197.

[33] Barducci A，Mecocci A. Theoretical and experimental assessment of noise effects on

least-squares spectral unmixing of hyperspectral images[J]. Optical Engineering, 2005, 44 (8): 087008.

[34] Finn J T. Use of the average mutual information index in evaluating classification error and consistency[J]. International Journal of Geographical Information Science, 1993, 7 (4): 349-366.

[35] Foody G M. Status of land cover classification accuracy assessment[J]. Remote Sensing of Environment, 2002, 80 (1): 185-201.

[36] Foody G M. Approaches for the production and evaluation of fuzzy land cover classifications from remotely-sensed data[J]. International Journal of Remote Sensing, 1996, 17 (7): 1317-1340.

[37] Tang J, Wang L, Myint S. Improving urban classification through fuzzy supervised classification and spectral mixture analysis[J]. International Journal of Remote Sensing, 2007, 28 (18): 4047-4063.

[38] Youngentob K N, Roberts D A, Held A A, et al. Mapping two Eucalyptus subgenera using multiple endmember spectral mixture analysis and continuum-removed imaging spectrometry data[J]. Remote Sensing of Environment, 2011, 115 (5): 1115-1128.

[39] Dennison P E, Roberts D A. Endmember selection for multiple endmember spectral mixture analysis using endmember average RMSE[J]. Remote Sensing of Environment, 2003, 87 (2): 123-135.

[40] Rasul A, Balzter H, Ibrahim G R F, et al. Applying built-up and bare-soil indices from landsat 8 to cities in dry climates[J]. Land 2018, 7 (3): 81.

[41] Otsu N. A threshold selection method from gray-level histograms[J]. IEEE Transactions on Systems, Man, and Cybernetics, 1979, 9 (1): 62-66.

[42] Li W. Mapping urban impervious surfaces by using spectral mixture analysis and spectral indices[J]. Remote Sensing, 2020, 12 (1): 94.

[43] Deng Y. RNDSI: A ratio normalized difference soil index for remote sensing of urban/suburban environments[J]. International Journal of Applied Earth Observation and Geoinformation, 2015, 39: 40-48.

[44] Jia Y, Tang L, Wang L. Influence of ecological factors on estimation of impervious surface area

using Landsat 8 imagery[J]. Remote Sensing，2017，9（7）：751.

[45] Adams J B，Smith M O，Johnson P E. Spectral mixture modeling：A new analysis of rock and soil types at the Viking Lander 1 site[J]. Journal of Geophysical Research：Solid Earth（1978-2012），1986，91（B8）：8098-8112.

[46] Horwitz H M，Nalepka R F，Hyde P D，et al. Estimating the proportions of objects within a single resolution element of a multispectral scanner[C]. International Symposium on Remote Sensing of Environment，7th，University of Michigan，1971.

[47] Marsh S E，Switzer P，Kowalik W S，et al. Resolving the percentage of component terrains within single resolution elements[J]. Photogrammetric Engineering and Remote Sensing，1980，46（8）：1079-1086.

[48] Li X，Strahler A H. Geometric-optical modeling of a conifer forest canopy[J]. IEEE Transactions on Geoscience and Remote Sensing，1985（5）：705-721.

[49] Strahler A，Woodcock C，Xiaowen L，et al. Discrete-object modeling of remotely sensed scenes[J]，1985.

[50] Jasinski M F，Eagleson P S. The structure of red-infrared scattergrams of semivegetated landscapes[J]. IEEE Transactions on Geoscience and Remote Sensing，1989，27（4）：441-451.

[51] Jasinski M F，Eagleson P S. Estimation of subpixel vegetation cover using red-infrared scattergrams[J]. IEEE Transactions on Geoscience and Remote Sensing，1990，28（2）：253-267.

[52] Kent J T，Mardia K V. Spatial classification using fuzzy membership models[J]. IEEE Transactions on Pattern Analysis and Machine Intelligence，1988，10（5）：659-671.

[53] Foody G. A fuzzy sets approach to the representation of vegetation continua from remotely sensed data：An example from lowland heath[J]. Photogrammetric Engineering and Remote Sensing（USA），1992，58（2）：221-225.

[54] Arun P，Buddhiraju K M，Porwal A. CNN based sub-pixel mapping for hyperspectral images[J]. Neurocomputing，2018，311：51-64.

[55] Liu Q，Zhou F，Hang R，et al. Bidirectional-convolutional LSTM based spectral-spatial feature learning for hyperspectral image classification[J]. Remote Sensing，2017，9（12）：1330.

[56] Mou L，Ghamisi P，Zhu X X. Deep recurrent neural networks for hyperspectral image classification[J]. IEEE Transactions on Geoscience and Remote Sensing，2017，55（7）：

3639-3655.

[57] Chaurasia A，Culurciello E. Linknet：Exploiting encoder representations for efficient semantic segmentation[C]. 2017 IEEE Visual Communications and Image Processing（VCIP）. IEEE，2017：1-4.

[58] Ji S，Xu W，Yang M，et al. 3D convolutional neural networks for human action recognition[J]. IEEE transactions on pattern analysis and machine intelligence，2012，35（1）：221-231.

[59] Ling F，Foody G M. Super-resolution land cover mapping by deep learning[J]. Remote Sensing Letters，2019，10（6）：598-606.

[60] Zhao S，Zhang L，Shen Y，et al. A CNN-Based Depth Estimation Approach with Multi-scale Sub-pixel Convolutions and a Smoothness Constraint[C]. Asian Conference on Computer Vision. Cham，2018：365-380.

[61] Arun P，Buddhiraju K M. A deep learning based spatial dependency modelling approach towards super-resolution[C]. 2016 IEEE International Geoscience and Remote Sensing Symposium（IGARSS）. IEEE，2016：6533-6536.

[62] Guo R，Wang W，Qi H. Hyperspectral image unmixing using autoencoder cascade[C]. 2015 7th Workshop on Hyperspectral Image and Signal Processing：Evolution in Remote Sensing（WHISPERS），IEEE，2015：1-4.

[63] Ma A，Zhong Y，He D，et al. Multiobjective subpixel land-cover mapping[J]. IEEE Transactions on Geoscience and Remote Sensing，2018，56（1）：422-435.

[64] Li Y，Zhang H，Xue X，et al. Deep learning for remote sensing image classification：A survey[J]. Wiley Interdisciplinary Reviews：Data Mining and Knowledge Discovery，2018，8（6）：e1264.

[65] Hinton G E，Osindero S，Teh Y-W. A fast learning algorithm for deep belief nets[J]. Neural Computation，2006，18（7）：1527-1554.

[66] Lv Q，Dou Y，Niu X，et al. Urban land use and land cover classification using remotely sensed SAR data through deep belief networks[J]. Journal of Sensors，2015.

[67] Zhong P，Gong Z，Li S，et al. Learning to diversify deep belief networks for hyperspectral image classification[J]. IEEE Transactions on Geoscience and Remote Sensing，2017，55（6）：3516-3530.

[68] Diao W，Sun X，Zheng X，et al. Efficient saliency-based object detection in remote sensing

images using deep belief networks[J]. IEEE Geoscience and Remote Sensing Letters，2016，13（2）：137-141.

[69] Diao W，Sun X，Dou F，et al. Object recognition in remote sensing images using sparse deep belief networks[J]. Remote Sensing Letters，2015，6（10）：745-754.

[70] Nakashika T，Takiguchi T，Ariki Y. High-frequency restoration using deep belief nets for super-resolution[C]. 2013 International Conference on Signal-Image Technology & Internet-Based Systems，IEEE，2013：38-42.

[71] Burges C J. A tutorial on support vector machines for pattern recognition[J]. Data Mining and Knowledge Discovery，1998，2（2）：121-167.

[72] Hu W，Huang Y，Wei L，et al. Deep convolutional neural networks for hyperspectral image classification[J]. Journal of Sensors，2015.

[73] Moser G，Zerubia J，Serpico S B. Dictionary-based stochastic expectation-maximization for SAR amplitude probability density function estimation[J]. IEEE Transactions on Geoscience and Remote Sensing，2005，44（1）：188-200.

[74] Chen Y，Zhao X，Jia X. Spectral-spatial classification of hyperspectral data based on deep belief network[J]. IEEE Journal of Selected Topics in Applied Earth Observations and Remote Sensing，2015，8（6）：2381-2392.

[75] Ayhan B，Kwan C. Application of deep belief network to land cover classification using hyperspectral images[C]. International Symposium on Neural Networks. Springer，Cham，2017：269-276.

[76] Mughees A，Tao L. Multiple deep-belief-network-based spectral-spatial classification of hyperspectral images[J]. Tsinghua Science and Technology，2019，24（2）：183-194.

[77] Zou Q，Ni L，Zhang T，et al. Deep learning based feature selection for remote sensing scene classification[J]. IEEE Geoscience and Remote Sensing Letters，2015，12（11）：2321-2325.

[78] Sowmya V，Ajay A，Govind D，et al. Improved color scene classification system using deep belief networks and support vector machines[C]. 2017 IEEE International Conference on Signal and Image Processing Applications（ICSIPA），2017：33-38.

[79] Ma L，Liu Y，Zhang X，et al. Deep learning in remote sensing applications：A meta-analysis and review[J]. ISPRS Journal of Photogrammetry and Remote Sensing，2019，152：166-177.

[80] Ridd M K. Exploring a VIS（vegetation-impervious surface-soil） model for urban ecosystem analysis through remote sensing: Comparative anatomy for cities[J]. International Journal of Remote Sensing, 1995, 16（12）: 2165-2185.

[81] Bovolo F, Bruzzone L, Carlin L. A novel technique for subpixel image classification based on support vector machine[J]. IEEE Transactions on Image Processing, 2010, 19（11）: 2983-2999.

[82] Brown M, Gunn S R, Lewis H G. Support vector machines for optimal classification and spectral unmixing[J]. Ecological Modelling, 1999, 120（2-3）: 167-179.

[83] Huang X, Schneider A, Friedl M A. Mapping sub-pixel urban expansion in China using MODIS and DMSP/OLS nighttime lights[J]. Remote Sensing of Environment, 2016, 175: 92-108.

[84] Jiang Z, Ma Y, Jiang T, et al. Research on the Extraction of Red Tide Hyperspectral Remote Sensing Based on the Deep Belief Network（DBN）[J]. journal of ocean technology, 2019, 38（2）: 1-7.

[85] Xu L, Liu X, Xiang X. Recognition and Classification for Remote Sensing Image Based on Depth Belief Network[J]. Geological Science and Technology Information, 2017, 36（4）: 244-249.

[86] Deng L, Fu S, Zhang R. Application of deep belief network in polarimetric SAR image classification[J]. Journal of Image and Graphics, 2016, 21（7）: 933-941.

[87] Pal M. Random forest classifier for remote sensing classification[J]. International Journal of Remote Sensing, 2005, 26（1）: 217-222.

[88] Hu X, Weng Q. Estimating impervious surfaces from medium spatial resolution imagery using the self-organizing map and multi-layer perceptron neural networks[J]. Remote Sensing of Environment, 2009, 113（10）: 2089-2102.

[89] Deng Y, Wu C. Development of a Class-Based Multiple Endmember Spectral Mixture Analysis（C-MESMA） Approach for Analyzing Urban Environments[J]. Remote Sensing, 2016, 8（4）: 332-349.

[90] Su Y, Li J, Plaza A, et al. DAEN: Deep Autoencoder Networks for Hyperspectral Unmixing[J]. IEEE Transactions on Geoscience and Remote Sensing, 2019, 57（7）: 4309-4321.

[91] Lin Z, Chen Y, Zhao X, et al. Spectral-spatial classification of hyperspectral image using autoencoders[C]. 2013 9th International Conference on Information, Communications & Signal

Processing，IEEE，2013：1-5.

[92] Zhang X，Sun Y，Zhang J，et al. Hyperspectral unmixing via deep convolutional neural networks[J]. IEEE Geoscience and Remote Sensing Letters，2018，15（11）：1755-1759.

[93] Lu D，Hetrick S，Moran E. Impervious surface mapping with Quickbird imagery[J]. International Journal of Remote Sensing，2011，32（9）：2519-2533.

[94] Xiong H，Yu C，Li X，et al. Rapid extraction of impervious surface based on high-resolution remotely sensed image[J]. Territory ＆ Natural Resources Study，2015（1）：52-54.

[95] Zheng Y，Jiang H，Liu W. Study on urban fine land use classification based on high-resolution remote sensing image[J]. Journal of Fujian Teachers University（Natural Science），2017，33（6）：60-68.

[96] Tang Q，Wang L，Li B，et al. Towards a comprehensive evaluation of V-I-S sub-pixel fractions and land surface temperature for urban land-use classification in the USA[J]. International Journal of Remote Sensing，2012，33（19）：5996-6019.

[97] Phinn S，Stanford M，Scarth P，et al. Monitoring the composition and form of urban environments based on the vegetation-impervious surface-soil（vis） model by sub-pixel analysis techniques[J]. International Journal of Remote Sensing - INT J REMOTE SENS，2002，23（20）：4131-4153.

[98] Jie J，Wang X. Application of land surface temperature in extracting urban impervious surfaces based on spectral mixture analysis[J]. Mine Surveying，2018，46（4）：5-11.

[99] Cui T，Long Y，Wang Y，et al. Research on the process of urban expansion in suzhou city based on spectral mixture analysis[J]. China Rural Water and Hydropower，2016，402（4）：59-62.

[100] Yuan C，Wu B，Luo X，et al. Estimating urban impervious surface distribution with RS[J]. Engineering of Surveying and Mapping，2009，18（3）：32-36，39.

[101] Qiu B，Zhang K，Tang Z，et al. Developing soil indices based on brightness，darkness，and greenness to improve land surface mapping accuracy[J]. GIScience & Remote Sensing，2017，54（5）：759-777.

[102] Yu Q，Gong P，Clinton N，et al. Object-based detailed vegetation classification with airborne high spatial resolution remote sensing imagery[J]. Photogrammetric Engineering & Remote Sensing，2006，72（7）：799-811.

[103] Raczko E, Zagajewski B. Comparison of support vector machine, random forest and neural network classifiers for tree species classification on airborne hyperspectral APEX images[J]. European Journal of Remote Sensing, 2017, 50 (1): 144-154.

[104] Ren C, Ju H, Zhang H, et al. Multi-source data for forest land type precise classification[J]. Scientia Silvae Sinicae, 2016, 52 (6): 54-65.

[105] Cui X, Liu Z. Wetland vegetation classification based on object-based classification method and multi-source remote sensing images[J]. Geomatics & Spatial Information Technology, 2018, 41 (8): 113-116.

[106] Xu H. A study on information extraction of water body with the Modified Normalized Difference Water Index (MNDWI) [J]. Journal of Remote Sensing, 2005, 9 (5): 589-595.

[107] Deering D W. Rangeland reflectance characteristics measured by aircraft and spacecraft sensor[M]. Texas, USA: Texas A&M University, 1978.

[108] Ye C, Cui P, Pirasteh S, et al. Experimental approach for identifying building surface materials based on hyperspectral remote sensing imagery[J]. Journal of Zhejiang University-SCIENCE A, 2017, 18 (12): 984-990.

[109] Cai G, Ren H, Yang L, et al. Detailed urban land use land cover classification at the metropolitan scale using a three-layer classification scheme[J]. Sensors (Basel), 2019, 19 (14): 3120-3144.

[110] Ghosh A, Sharma R, Joshi P K. Random forest classification of urban landscape using Landsat archive and ancillary data: Combining seasonal maps with decision level fusion[J]. Applied Geography, 2014, 48: 31-41.

[111] Lin H, Shao C, Li H, et al. Five object-oriented classification methods analysis based on high-resolution remote sensing image[J]. Bulletin of Surveying and Mapping, 2017(11): 17-21.

[112] Guo Y, Chi T, Peng L, et al. Classification of GF-1 remote sensing image based on random forests for urban land-use[J]. Bulletin of Surveying and Mapping, 2016 (5): 73-76.

[113] Tang J. Analysis on the redevelopment policy of urban inefficient land[J]. China Land, 2013 (7): 41-43.

[114] Wang C, Sun J, Hu F, et al. Observation and analysis of the characteristics of urban concrete surface energy balance[J]. Journal of Nanjing University (Natural Science), 2007, 43 (3):

270-279.

[115] Li S，Huang T. Influence on rainfall run-off due to urbanization and rain-water flood control in the city[J]. China Municipal Engineering，2002（3）：35-37.

[116] Xu H. Quantitative analysis on the relationship of urban impervious surface with other components of the urban ecosystem[J]. Acta Ecologica Sinica，2009，29（5）：2456-2462.

[117] Li J，Song C，Cao L，et al. Impacts of landscape structure on surface urban heat islands：A case study of Shanghai，China[J]. Remote Sensing of Environment，2011，115（12）：3249-3263.

[118] Jensen J R. Introductory digital image processing：A remote sensing perspective[J]. Pearson Prentice Hall，Upper Saddle River，NJ，2005，7458：1-131.

[119] Cook E A. Remote sensing and image interpretation[J]. Preventive Veterinary Medicine，2008，23（s 1-2）：121-123.

[120] Burghardt W. Soil sealing and soil properties related to sealing[J]. Geological Society，London，Special Publications，2006，266（1）：117-124.

[121] Zhou H，Hu D，Wang X，et al. Horizontal heat impact of urban structures on the surface soil layer and its diurnal patterns under different micrometeorological conditions[J]. Scientific Reports，2016，6（1）：1-13.

[122] Weng Q. Remote sensing of impervious surfaces in the urban areas：Requirements，methods，and trends[J]. Remote Sensing of Environment，2012，117：34-49.

[123] Tompkins S，Mustard J F，Pieters C M，et al. Optimization of endmembers for spectral mixture analysis[J]. Remote Sensing of Environment，1997，59（3）：472-489.

[124] Small C. Estimation of urban vegetation abundance by spectral mixture analysis[J]. International Journal of Remote Sensing，2001，22（7）：1305-1334.

[125] Lu D，Batistella M，Moran E，et al. Application of spectral mixture analysis to Amazonian land-use and land-cover classification[J]. International Journal of Remote Sensing，2004，25（23）：5345-5358.

[126] Liu L. BEST：Bayesian estimation of species trees under the coalescent model[J]. Bioinformatics，2008，24（21）：2542-2543.

[127] Lobell D B，Asner G P. Cropland distributions from temporal unmixing of MODIS data[J]. Remote Sensing of Environment，2004，93（3）：412-422.

[128] Deng C，Wu C. Examining the impacts of urban biophysical compositions on surface urban heat island：A spectral unmixing and thermal mixing approach[J]. Remote Sensing of Environment，2013，131：262-274.

[129] Yuan F，Bauer M E. Comparison of impervious surface area and normalized difference vegetation index as indicators of surface urban heat island effects in Landsat imagery[J]. Remote Sensing of Environment，2007，106（3）：375-386.

[130] Alejandro M，Omasa K. Estimation of vegetation parameter for modeling soil erosion using linear Spectral Mixture Analysis of Landsat ETM data[J]. ISPRS Journal of Photogrammetry and Remote Sensing，2007，62（4）：309-324.

[131] Wessman C A，Bateson C，Benning T L. Detecting fire and grazing patterns in tallgrass prairie using spectral mixture analysis[J]. Ecological Applications，1997，7（2）：493-511.

[132] Mertes L A，Smith M O，Adams J B. Estimating suspended sediment concentrations in surface waters of the Amazon River wetlands from Landsat images[J]. Remote Sensing of Environment，1993，43（3）：281-301.

[133] Bedini E，Van Der Meer F，Van Ruitenbeek F. Use of HyMap imaging spectrometer data to map mineralogy in the Rodalquilar caldera，southeast Spain[J]. International Journal of Remote Sensing，2009，30（2）：327-348.

[134] Chang C，Ji B. Weighted abundance-constrained linear spectral mixture analysis[J]. IEEE Transactions on，Geoscience and Remote Sensing，2006，44（2）：378-388.

[135] Somers B，Delalieux S，Stuckens J，et al. A weighted linear spectral mixture analysis approach to address endmember variability in agricultural production systems[J]. International Journal of Remote Sensing，2009，30（1）：139-147.

[136] Liu K，Wong E，Wen C，et al. Kernel-based weighted abundance constrained linear spectral mixture analysis for remotely sensed images[J]. IEEE Journal of Selected Topics in Applied Earth Observations and Remote Sensing，2013，6（2）：531-553.

[137] Pan C，Wu G，Prinet V，et al. A band-weighted landuse classification method for multispectral images[C]. 2005 IEEE Computer Society Conference on Computer Vision and Pattern Recognition（CVPR'05），2005：96-102.

[138] Adams J B，Sabol D E，Kapos V，et al. Classification of multispectral images based on fractions

of endmembers：Application to land-cover change in the Brazilian Amazon[J]. Remote Sensing of Environment，1995，52（2）：137-154.

[139] Wang Y，Bao F S. An entropy-based weighted clustering algorithm and its optimization for ad hoc networks[C]. Third IEEE International Conference on Wireless and Mobile Computing, Networking and Communications（WiMob 2007），2007：56-56.

[140] Rogerson P A. Statistical methods for geography：A student's guide[M]. London：Sage，2019.

[141] Cloude S R，Pottier E. An entropy based classification scheme for land applications of polarimetric SAR[J]. IEEE Transactions on Geoscience and Remote Sensing，1997，35（1）：68-78.

[142] Qaid A M，Basavarajappa H. Application of optimum index factor technique to Landsat-7 data for geological mapping of north east of Hajjah，Yemen[J]. American-Eurasian Journal of Scientific Research，2008，3（1）：84-91.

[143] Chavez P，Berlin G L，Sowers L B. Statistical method for selecting Landsat MSS ratios[J]. Journal of applied photographic engineering，1982，8（1）：23-30.

[144] Ma J, Chan J, Canters F. Robust locally weighted regression for superresolution enhancement of multi-angle remote sensing imagery[J]. IEEE Journal of Selected Topics in Applied Earth Observations and Remote Sensing，2014，7（4）：1357-1371.

[145] Peddle D，Brunke S，Hall F. A comparison of spectral mixture analysis and ten vegetation indices for estimating boreal forest biophysical information from airborne data[J]. Canadian Journal of Remote Sensing，2001，27（6）：627-635.

[146] Small C，Lu J W. Estimation and vicarious validation of urban vegetation abundance by spectral mixture analysis[J]. Remote Sensing of Environment，2006，100（4）：441-456.

[147] Small C，Pozzi F，Elvidge C D. Spatial analysis of global urban extent from DMSP-OLS night lights[J]. Remote Sensing of Environment，2005，96（3）：277-291.

[148] Lu D，Weng Q. Use of impervious surface in urban land-use classification[J]. Remote Sensing of Environment，2006，102（1）：146-160.

[149] Lu D，Weng Q，Li G. Residential population estimation using a remote sensing derived impervious surface approach[J]. International Journal of Remote Sensing，2006，27（16）：3553-3570.

[150] Tyler A，Svab E，Preston T，et al. Remote sensing of the water quality of shallow lakes：A mixture modelling approach to quantifying phytoplankton in water characterized by high - suspended sediment[J]. International Journal of Remote Sensing，2006，27（8）：1521-1537.

[151] Drake N A，Mackin S，Settle J J. Mapping vegetation，soils，and geology in semiarid shrublands using spectral matching and mixture modeling of SWIR AVIRIS imagery[J]. Remote Sensing of Environment，1999，68（1）：12-25.

[152] Wu C. Normalized spectral mixture analysis for monitoring urban composition using ETM+ imagery[J]. Remote Sensing of Environment，2004，93（4）：480-492.

[153] Asner G P，Lobell D B. A biogeophysical approach for automated SWIR unmixing of soils and vegetation[J]. Remote Sensing of Environment，2000，74（1）：99-112.

[154] Richards J A，Richards J. Remote sensing digital image analysis[M]. Berlin：Springer，1999.

[155] Green A A，Berman M，Switzer P，et al. A transformation for ordering multispectral data in terms of image quality with implications for noise removal[J]. IEEE Transactions on geoscience and remote sensing，1988，26（1）：65-74.

[156] Jensen J R，Lulla K. Introductory digital image processing：A remote sensing perspective[R]. University of South Carolina，Columbus，1986.

[157] Hyvärinen A，Oja E. Independent component analysis：Algorithms and applications[J]. Neural Networks，2000，13（4）：411-430.

[158] Li J. Linear unmixing of hyperspectral signals via wavelet feature extraction[M]. Mississippi：Mississippi State University，2002.

[159] Vetterli M，Herley C. Wavelets and filter banks：Theory and design[J]. IEEE transactions on signal processing，1992，40（9）：2207-2232.

[160] Strang G，Nguyen T. Wavelets and filter banks[M]. United States of America：SIAM，1996.

[161] Tsai F，Philpot W. Derivative analysis of hyperspectral data[J]. Remote Sensing of Environment，1998，66（1）：41-51.

[162] Hyvarinen A. Fast and robust fixed-point algorithms for independent component analysis[J]. IEEE transactions on Neural Networks，1999，10（3）：626-634.

[163] Boardman J W，Kruse F A. Automated spectral analysis：A geological example using AVIRIS data，north Grapevine Mountains，Nevada[C]. Proceedings of the Thematic Conference on

Geologic Remote Sensing，1994：I-407- I-408.

[164] Boardman J. Spectral angle mapping: A rapid measure of spectral similarity[J]. AVIRIS，Delivery by Ingenta，1993.

[165] Kauth R J，Thomas G. The tasselled cap—a graphic description of the spectral-temporal development of agricultural crops as seen by Landsat[C]. LARS Symposia，1976，159：41-51.

[166] Kruse F A. Use of airborne imaging spectrometer data to map minerals associated with hydrothermally altered rocks in the northern grapevine mountains，Nevada，and California[J]. Remote Sensing of Environment，1988，24（1）：31-51.

[167] Portigal F，Holasek R，Mooradian G，et al. Vegetation classification using red edge first derivative and green peak statistical moment indices with the Advanced Airborne Hyperspectral Imaging System（AAHIS）[C]. International Airborne Remote Sensing Conference and Exhibition- Development，Integration，Applications & Operations，3rd，Copenhagen，Denmark，1997.

[168] Zhang J，Rivard B，Sánchez-Azofeifa A，et al. Intra-and inter-class spectral variability of tropical tree species at La Selva，Costa Rica：Implications for species identification using HYDICE imagery[J]. Remote Sensing of Environment，2006，105（2）：129-141.

[169] Li S，Kwok J T，Wang Y. Using the discrete wavelet frame transform to merge Landsat TM and SPOT panchromatic images[J]. Information Fusion，2002，3（1）：17-23.

[170] Zhang J，Rivard B，Sanchez-Azofeifa A. Derivative spectral unmixing of hyperspectral data applied to mixtures of lichen and rock[J]. Geoscience and Remote Sensing，IEEE Transactions on，2004，42（9）：1934-1940.

[171] Wang J，Chang C. Independent component analysis-based dimensionality reduction with applications in hyperspectral image analysis[J]. IEEE transactions on geoscience and remote sensing，2006，44（6）：1586-1600.

[172] Li J. Wavelet-based feature extraction for improved endmember abundance estimation in linear unmixing of hyperspectral signals[J]. IEEE Transactions on，Geoscience and Remote Sensing，2004，42（3）：644-649.

[173] Mutanga O，Skidmore A，Kumar L，et al. Estimating tropical pasture quality at canopy level using band depth analysis with continuum removal in the visible domain[J]. International

Journal of Remote Sensing，2005，26（6）：1093-1108.

[174] Carvalho Junior O，Guimaraes R. Employment of the multiple endmember spectral mixture analysis（MESMA）method in mineral analysis[C]. JPL Airborne Earth Science Workshop，2001：73-80.